高等学校计算机应用规划教材

C 语言程序设计基础教程

李少芳　张　颖　编著

清华大学出版社
北　京

内 容 简 介

本书共 9 章，分别介绍了 C 语言概述、基本数据类型与运算、结构化程序设计、数组、函数、指针、结构体和共用体、文件、面向对象基础等内容。各章从易到难给出丰富的教学案例，并配有课后习题。书中例题代码均已在 Dev C++开发环境下调试并能正常运行。

本书配有《C 语言程序设计习题与实验指导》辅导教材(ISBN 978-7-302-55790-6)，针对本书各章内容设计了上机实验和配套习题，帮助学生了解自己对内容的掌握程度。此外，辅导教材还提供了多套模拟试卷和一个详细的课程设计报告范例，方便学生自测学习效果，指导学生撰写课程设计报告。

本书是 C 语言程序设计编程入门教科书，既可以作为高等学校计算机及相关专业师生 C 语言课程的教学用书，也可以供学习 C 语言的读者自学使用。

本书封面贴有清华大学出版社防伪标签，无标签者不得销售。

版权所有，侵权必究。举报：010-62782989，beiqinquan@tup.tsinghua.edu.cn。

图书在版编目(CIP)数据

C 语言程序设计基础教程 / 李少芳，张颖 编著. —北京：清华大学出版社，2020.6（2024.9重印）
高等学校计算机应用规划教材
ISBN 978-7-302-55694-7

I. ①C… II. ①李… ②张… III. ①C 语言－程序设计－高等学校－教材 IV. ①TP312.8

中国版本图书馆 CIP 数据核字(2020)第 103154 号

责任编辑：王 定
封面设计：高娟妮
版式设计：孔祥峰
责任校对：马遥遥
责任印制：杨 艳

出版发行：清华大学出版社
网　　址：https://www.tup.com.cn，https://www.wqxuetang.com
地　　址：北京清华大学学研大厦 A 座　　邮　编：100084
社 总 机：010-83470000　　邮　购：010-62786544
投稿与读者服务：010-62776969，c-service@tup.tsinghua.edu.cn
质 量 反 馈：010-62772015，zhiliang@tup.tsinghua.edu.cn

印 装 者：三河市龙大印装有限公司
经　　销：全国新华书店
开　　本：185mm×260mm　　印　张：16.25　　字　数：395 千字
版　　次：2020 年 8 月第 1 版　　印　次：2024 年 9 月第 6 次印刷
定　　价：59.80 元

————————————————————————————————

产品编号：083639-02

本书编委会

编委：(按姓氏拼音排列)

陈庆枝	陈志辉	陈淑清	陈　贞
黄朝辉	黄　海	黄淋云	李海霞
李少芳	刘剑武	罗艳霞	佘玉萍
沈　林	王智明	吴珍发	谢　莹
许朝阳	许荣斌	严　涛	张　颖
郑继绍	郑　鹏	周　超	

前　言

本书是 C 语言程序设计编程入门教材，适用于理工类学生程序设计能力的培养。学习编程，首先要学习数据类型、控制结构、语法规则等编程入门基础知识，然后学会程序分析，认识算法在编程中的重要性。通过循序渐进地阅读、分析程序，多看参考书和现有程序，从模仿简单程序开始，掌握常用算法程序模块，逐渐看懂并学会复杂编程。

C 语言程序设计是一门实践性很强的课程，平时要重视上机操作，切实掌握程序调试技术。本书详细介绍了 C 语言编程入门知识，使初学者能够在有限的学时内掌握 C 语言程序设计的基本技能，学会编写规范、可读性好的 C 语言程序，快速有效地掌握 C 语言程序设计方法。本书在教学内容和教学案例设计上，对易错、易漏的知识给予强调，并配有例题讲解。

本书共 9 章，分别介绍了 C 语言概述、基本数据类型与运算、结构化程序设计、数组、函数、指针、结构体和共用体、文件、面向对象基础等内容。各章从易到难给出丰富的教学案例，并配有课后习题。书中例题代码均已在 Dev C++开发环境下调试并能正常运行。

本书配有《C 语言程序设计习题与实验指导》辅导教材(ISBN 978-7-302-55790-6)，针对本书各章内容设计了上机实验和配套习题，帮助学生了解自己对内容的掌握程度。此外，辅导教材还提供了多套模拟试卷和一个详细的课程设计报告范例，方便学生自测学习效果，指导学生撰写课程设计报告。

本书是 C 语言程序设计编程入门教科书，既可以作为高等学校计算机及相关专业师生 C 语言课程的教学用书，也可以供学习 C 语言的读者自学使用。

本书由李少芳和张颖编著，具体分工如下：第 3~5 章由张颖编写，其他章节由李少芳编写，全书由李少芳统稿。本书的成功出版离不开莆田学院和清华大学出版社的大力支持和鼓励。在文稿组织、案例选择以及实验的设计与验证上得到莆田学院信息工程学院"C 语言程序设计"课程组和"程序设计基础(C/C++)"课程组各位同事的鼎力帮助，在此一并表示衷心的谢意。

由于编写时间仓促，书中难免有不足之处，欢迎读者批评指正。

本书提供课件、实例源文件、习题参考答案下载地址如下：

课件

实例源文件

习题参考答案

编　者
2020 年 3 月于莆田学院

目 录

第1章 C语言概述 ………………………… 1
1.1 C语言的发展历史及特点 ………… 1
1.1.1 程序与软件 …………………… 2
1.1.2 C语言的发展历史 …………… 2
1.1.3 C语言的特点 ………………… 4
1.2 算法概述 ……………………………… 6
1.2.1 算法的概念 …………………… 6
1.2.2 算法的特性 …………………… 7
1.2.3 算法的表示 …………………… 7
1.3 C语言程序的基本结构 …………… 10
1.4 C语言程序的编译与运行 ………… 16
1.5 C/C++开发环境 …………………… 18
1.5.1 Visual C++开发环境 ………… 18
1.5.2 Dev C++开发环境 …………… 20
1.6 习题 …………………………………… 22
1.6.1 选择题 ………………………… 22
1.6.2 填空题 ………………………… 23
1.6.3 编程题 ………………………… 24
1.6.4 简答题 ………………………… 24

第2章 基本数据类型与运算 ………… 25
2.1 数据类型 ……………………………… 25
2.1.1 C语言数据类型 ……………… 25
2.1.2 数据存储形式 ………………… 27
2.1.3 数据溢出的发生 ……………… 28
2.2 常量 …………………………………… 30
2.2.1 整型常量 ……………………… 30
2.2.2 实型常量 ……………………… 30
2.2.3 字符常量、转义字符 ………… 32
2.2.4 符号常量 ……………………… 33
2.2.5 字符串常量 …………………… 34
2.3 变量 …………………………………… 34
2.3.1 C语言标识符 ………………… 34
2.3.2 变量的定义 …………………… 35
2.3.3 变量的赋值 …………………… 36
2.4 运算符与表达式 …………………… 37
2.4.1 算术运算符 …………………… 37
2.4.2 自增和自减运算符 …………… 38
2.4.3 关系运算符 …………………… 40
2.4.4 逻辑运算符 …………………… 41
2.4.5 赋值运算符 …………………… 42
2.4.6 条件运算符 …………………… 43
2.4.7 逗号运算符 …………………… 44
2.4.8 位运算符 ……………………… 44
2.4.9 求字节数运算符 ……………… 46
2.4.10 各类型数值数据的混合运算 … 47
2.5 常用数学函数 ……………………… 49
2.6 格式化输入/输出函数 …………… 52
2.6.1 格式化输出函数 ……………… 52
2.6.2 格式化输入函数 ……………… 55
2.6.3 C程序常见的错误类型分析 … 57
2.6.4 提高C程序的可读性 ………… 60
2.7 字符输入/输出函数 ……………… 60
2.7.1 字符输出函数 ………………… 61
2.7.2 字符输入函数 ………………… 61
2.8 习题 …………………………………… 62
2.8.1 选择题 ………………………… 62
2.8.2 填空题 ………………………… 63
2.8.3 求表达式的值 ………………… 64
2.8.4 编程题 ………………………… 65

第3章 结构化程序设计 ……………… 67
3.1 顺序结构 ……………………… 67
3.2 选择结构 ……………………… 69
3.2.1 if语句 ……………………… 69
3.2.2 switch语句 ………………… 74
3.3 循环结构 ……………………… 77
3.3.1 while语句循环结构 ………… 77
3.3.2 do…while语句循环结构 …… 79
3.3.3 for语句循环结构 …………… 81
3.3.4 跳转 ………………………… 83
3.4 常用算法 ……………………… 85
3.4.1 穷举法 ……………………… 85
3.4.2 归纳法 ……………………… 89
3.5 习题 …………………………… 93
3.5.1 选择题 ……………………… 93
3.5.2 程序运行题 ………………… 94
3.5.3 编程题 ……………………… 95

第4章 数组 ……………………………… 99
4.1 一维数组 ……………………… 99
4.1.1 一维数组的定义 …………… 99
4.1.2 一维数组的引用 ………… 100
4.1.3 一维数组的初始化 ……… 101
4.2 二维数组 …………………… 103
4.2.1 二维数组的定义 ………… 103
4.2.2 二维数组的引用 ………… 103
4.2.3 二维数组的初始化 ……… 103
4.3 数值数组常用算法 ………… 105
4.3.1 顺序查找法 ……………… 105
4.3.2 折半查找法 ……………… 106
4.3.3 冒泡排序法 ……………… 107
4.3.4 直接交换排序法 ………… 108
4.3.5 选择排序法 ……………… 109
4.3.6 插入排序法 ……………… 110
4.3.7 二维数组应用举例 ……… 111
4.4 字符数组和字符串 ………… 113
4.4.1 字符数组的定义 ………… 113
4.4.2 字符数组的初始化 ……… 113
4.4.3 字符数组的输入 ………… 115
4.4.4 字符数组的输出 ………… 116
4.4.5 字符串操作函数 ………… 117
4.5 习题 ………………………… 121
4.5.1 选择题 …………………… 121
4.5.2 编程题 …………………… 123

第5章 函数 …………………………… 125
5.1 函数概述 …………………… 125
5.2 函数的定义和调用 ………… 127
5.2.1 函数的定义 ……………… 127
5.2.2 函数的调用 ……………… 128
5.2.3 函数的声明 ……………… 128
5.2.4 函数的返回值 …………… 129
5.3 函数的参数传递 …………… 129
5.4 函数的递归调用 …………… 131
5.4.1 递归调用的概述 ………… 132
5.4.2 递归法 …………………… 132
5.5 变量的存储类型和作用域 … 136
5.5.1 变量的存储类型 ………… 137
5.5.2 变量的作用域 …………… 137
5.6 外部函数 …………………… 142
5.7 习题 ………………………… 143
5.7.1 选择题 …………………… 143
5.7.2 填空题 …………………… 146
5.7.3 程序运行题 ……………… 148
5.7.4 编程题 …………………… 151

第6章 指针 …………………………… 153
6.1 地址和指针变量 …………… 153
6.1.1 地址 ……………………… 153
6.1.2 指针变量 ………………… 155
6.1.3 指针变量的运算 ………… 157
6.1.4 指针变量作为函数参数 … 158
6.2 指针与数组 ………………… 158
6.2.1 指针与一维数组 ………… 158
6.2.2 行指针与列指针的关系 … 159
6.2.3 遍历二维数组 …………… 160
6.2.4 指向行数组的指针变量 … 162
6.3 指针与字符串 ……………… 163
6.3.1 指向字符串的指针 ……… 163

	6.3.2	字符数组和字符指针变量的区别 …… 164
6.4	指针作为函数参数 …………………… 165
	6.4.1	值传递与地址传递 ………………… 165
	6.4.2	地址传递方式 ……………………… 166
6.5	指针与函数 …………………………… 167
	6.5.1	指向函数的指针变量 ……………… 167
	6.5.2	返回指针值的函数 ………………… 168
6.6	指针数组与多级指针 ………………… 169
	6.6.1	指针数组 …………………………… 169
	6.6.2	多级指针 …………………………… 171
6.7	习题 …………………………………… 172
	6.7.1	选择题 ……………………………… 172
	6.7.2	程序运行题 ………………………… 173
	6.7.3	填空题 ……………………………… 173

第7章 结构体和共用体 …………………… 175

7.1	结构体 ………………………………… 175
	7.1.1 定义结构体类型 …………………… 175
	7.1.2 定义结构体变量 …………………… 177
	7.1.3 结构体变量的引用 ………………… 179
	7.1.4 结构体变量的初始化和赋值 ……… 180
	7.1.5 结构体数组 ………………………… 183
	7.1.6 指向结构体类型的指针 …………… 184
7.2	共用体 ………………………………… 186
	7.2.1 定义共用体类型 …………………… 186
	7.2.2 共用体变量的声明 ………………… 186
	7.2.3 共用体变量的引用 ………………… 187
7.3	枚举类型 ……………………………… 189
	7.3.1 定义枚举类型 ……………………… 189
	7.3.2 枚举型变量的声明 ………………… 190
	7.3.3 枚举型变量的引用 ………………… 191
7.4	typedef ………………………………… 191
	7.4.1 typedef 的用法 …………………… 191
	7.4.2 typedef 应用示例 ………………… 193
7.5	习题 …………………………………… 193
	7.5.1 选择题 ……………………………… 193
	7.5.2 填空题 ……………………………… 197
	7.5.3 编程题 ……………………………… 198

第8章 文件 …………………………………… 199

8.1	C文件概述 …………………………… 200
	8.1.1 流式文件 …………………………… 200
	8.1.2 文件类型FILE …………………… 200
	8.1.3 文件类型指针 ……………………… 201
8.2	文件的打开与关闭 …………………… 201
	8.2.1 文件的打开 ………………………… 201
	8.2.2 文件的关闭 ………………………… 203
8.3	文件的读/写 ………………………… 203
	8.3.1 单字符读/写fputc和fgetc函数 … 204
	8.3.2 字符串读/写fputs和fgets函数 … 205
	8.3.3 格式化读/写fprintf和fscanf函数 … 206
	8.3.4 数据块读/写fwrite和fread函数 … 208
8.4	文件的定位 …………………………… 210
	8.4.1 顺序读/写与随机读/写 …………… 210
	8.4.2 rewind、ftell和fseek函数 ……… 210
8.5	文件的出错检测 ……………………… 211
	8.5.1 ferror函数 ……………………… 211
	8.5.2 feof函数 ………………………… 212
	8.5.3 clearerr函数 …………………… 212
8.6	习题 …………………………………… 212
	8.6.1 选择题 ……………………………… 212
	8.6.2 填空题 ……………………………… 214

第9章 面向对象基础 ……………………… 217

9.1	C++编程基础 ………………………… 218
	9.1.1 C++编程概述 …………………… 218
	9.1.2 注释方式 …………………………… 219
	9.1.3 换行符endl ……………………… 220
9.2	类和对象 ……………………………… 220
	9.2.1 类的定义 …………………………… 221
	9.2.2 对象的定义 ………………………… 223
9.3	成员函数 ……………………………… 223
9.4	构造函数和析构函数 ………………… 225
	9.4.1 构造函数的定义 …………………… 225
	9.4.2 类的默认构造函数 ………………… 227
	9.4.3 构造函数的重载 …………………… 228
	9.4.4 拷贝构造函数 ……………………… 229
	9.4.5 析构函数 …………………………… 232

  9.4.6　构造顺序 233
9.5　类的设计案例分析 236
  9.5.1　案例1：MyClass类的设计 237
  9.5.2　案例2：BankAccount的设计 239
  9.5.3　案例3：Person类的设计 241
9.6　习题 245
  9.6.1　选择题 245
  9.6.2　程序运行题 246
  9.6.3　填空题 248

附录 249

第 1 章

C 语言概述

程序设计语言的发展经历了从机器语言、汇编语言到高级语言的过程。

(1) 机器语言是计算机最原始的语言,由 0 和 1 的代码构成,CPU 在工作的时候只认识机器语言,即 0 和 1 的代码。

(2) 汇编语言是一种低级语言,它用人类容易记忆的语言和符号来表示一组 0 和 1 的代码,例如 AND 代表加法。

(3) 高级语言是在低级语言的基础上,采用接近于人类自然语言的单词和符号表示一组低级语言程序,使编程变得更加简单、易学,且写出的程序可读性强。

高级语言又分为面向过程的编程语言和面向对象的编程语言。面向过程的编程每实现一次功能都要编写一次代码,代码的重用性较差。而在面向对象的编程中引入了类的概念,实现同样的方法只要编写一次代码,用到时只需要调用该类即可,代码重用性高,这是目前流行的编程方式。C 语言是一门面向过程的高级语言,C++是面向对象程序的设计语言,同时也可以进行基于过程的程序设计。

本章介绍 C 语言的发展历史及特点、算法、C 语言程序的基本结构、C 语言程序的编译与运行、C/C++开发环境 Visual C++ 6.0 和 Dev C++的使用方法。

【学习目标】
1. 了解 C 语言的发展历史、程序设计中算法的重要性。
2. 掌握和理解 C 语言程序的特点和基本结构。
3. 熟悉 C/C++开发环境,以及 C 语言程序的编译、连接和运行的过程。

【重点与难点】
通过运行简单的 C 语言程序,掌握 C 语言程序的编译、连接和运行的过程。

1.1　C 语言的发展历史及特点

C 语言是一门面向过程、抽象化的通用程序设计语言,广泛应用于底层开发。本节主要介绍程序与软件的概念、C 语言的发展历史、C 语言的特点。

1.1.1 程序与软件

作为一种能自动计算的机器，计算机通过执行一系列指令来完成给定的计算工作。因此，要让计算机完成某项任务，就必须将完成这项任务的方法和具体步骤编写成计算机可以直接或间接执行的一系列指令，使之在执行这些指令后就可以完成给定的任务。这样的一系列指令的集合称为计算机程序，简称程序(Program)，编写这些指令的工作就是程序设计(Programming)。

程序是为使计算机执行一个或多个操作，或者执行某一任务，按序设计的计算机指令的集合。

程序设计给出解决特定问题程序的方法和过程，是软件构造活动的重要组成部分。程序设计过程包括"需求分析→设计→编码→测试→维护" 5 个阶段(见图 1-1)，并生成各种文档资料。程序设计最终需要以某种程序设计语言为工具，编写出该程序的语言。

对 C/C++语言来说，源程序文件的扩展名为.c/cpp，可执行程序的文件的扩展名为.exe。

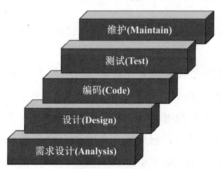

图 1-1　程序设计过程的 5 个阶段

软件(Software)是一系列按照特定顺序组织的计算机数据和指令的集合。简单地说，软件就是程序加文档。软件并不只包括可以在计算机上运行的电脑程序，与这些电脑程序相关的文档一般也被认为是软件的一部分。根据软件的功能，软件可以分为系统软件和应用软件。

1.1.2　C 语言的发展历史

第一台按冯·诺依曼原理制成的通用电动计算机是 1951 年美国兰德公司的 UNIVAC-1，其采用机器语言进行程序设计，即数据和指令(存储地址码、操作码)都以二进制编码输入。实际程序用八进制和十六进制数，输入后是二进制的。单调的数字极易出错，于是将操作码改作助记的字符，这就是汇编语言，如用 ADD A,B 表示两数相加。机器语言和汇编语言属于低级语言，其编码依赖于所使用的计算机硬件，与特定的机器有关，执行速度快，但编写复杂、费时，容易出差错，而且程序修改维护困难。

高级语言的表示方法比较接近于自然语言，在一定程度上与具体的计算机硬件及其指令系统无关，可阅读性更强，相对来说更易于学习和掌握，也便于维护，但是其代码的执行速度比低级语言慢。1954 年出现第一个完全脱离机器的高级语言 Fortran I，1957 年其被改进为 Fortran II。Fortran 语言主要用于数值计算，是进行大型科学和工程计算的重要工具。1958 年出现算法语言 Algol 58，改进版有 Algol 60、结构化的 Algol W 和 Algol 68。Algol 语言是程序设计语言的开拓者，为软件自动化和可靠性研究奠定了基础。1960 年出现 Cobol 60 语言。由于其优异的输入/输出功能，报表、分类归并方便快速，所以该语言牢固占领商用事务软件市场。直到今天它在英语国家的商业领域还有一定的地位。早期的软件市场在计算机应用上可以说是由 Fortran、Cobol 和汇编三分天下，在科学计算上有 Fortran，在商用事务处理方面有 Cobol，在工程控制方面有汇编语言。1971 年出现第一个结构化程序设计语言 Pascal，1975 年丹麦学者汉森(B.Hanson)开发了并发 Pascal。Pascal 在结构化程序设计方面是一个示范性语言，在推行结构化程序设计教学上发挥了卓越的作用，但在工程实践上暴露出其在设计上的诸多缺点。

  C 语言是一种高效的编译型结构化程序设计语言。C 语言的诞生可以追溯到 Algol 语言(1960 年)→CPL 语言(1963 年，英国剑桥大学)→BCPL 语言(1967 年，剑桥大学马丁·理查德)→B 语言(1970 年，美国贝尔实验室肯·苏姆普逊)→C 语言(1972 年，丹尼斯·瑞奇和布朗·卡尼汉；1983 年，ANSI C；1990 年，ISO C 等)。

  C 语言最早是由美国贝尔实验室的丹尼斯·瑞奇(Dennis M. Ritchie)在 B 语言的基础上开发出来，并于 1972 年在一台 Decpdp-11 计算机上首次实现。C 语言的设计初衷是为描述和实现 Unix 操作系统提供一种工作语言，作为计算机专业人员写 UNIX 操作系统的一种工具，在贝尔实验室内部使用。1973 年，肯·苏姆普逊(Ken Thompson)和丹尼斯·瑞奇两人合作，把 UNIX 系统 90%以上的内容用 C 语言改写，即 UNIX 第 5 版。随后几年，贝尔实验室又对 C 语言进行了多次改进，但仍局限在内部使用。直到 1975 年 UNIX 第 6 版公布后，C 语言的突出优点才引起人们的普遍注意。1977 年出现了不依赖具体机器的 C 语言编译文本《可移植 C 语言编译程序》，使 C 语言移植到其他机器时所需做的工作大大简化，同时也推动了 UNIX 系统迅速地在各种机器上实现。1978 年，布朗·卡尼汉(Brian W. Kernighan)和丹尼斯·瑞奇合作出版了名著《C 程序设计语言》(The C Programming Language)。此书被翻译成多种语言，成为 C 语言最权威的教材之一。1983 年，美国国家标准化协会(ANSI)根据 C 语言问世以来各种版本，对 C 语言的发展和扩充制订了一套 ANSI 标准，称为 ANSI C。1987 年，ANSI 又公布了新标准 87ANSI C。1990 年，国际标准化组织 ISO 接受 87ANSI C 为 ISO C 的标准(ISO9899 1990)。C 语言的发展历史简图，如图 1-2 所示。

  从第一个高级语言 Fortran 问世至今，已经有数百种高级语言出现。高级语言的发展经历了从面向过程程序设计(Procedure Oriented Programming，POP)到面向对象程序设计(Object Oriented Programming，OOP)，从字符方式到可视化的过程。随着软件规模的增大，Fortran、Basic、Pascal、C 语言等面向过程的编程语言已经无法满足运用面向对象方法开发软件的需要。20 世纪 70 年代末 80 年代初，为了解决一些非过程性的问题以及在大规模软件开发中软件的维护与管理问题，有人提出面向对象的程序设计思想。面向对象的程序设计是一种基于结构分析、以数据为中心的程序设计方法。面向对象的程序设计方法更加抽象，但程序更加清晰易懂，更适合大规模程序的编写。C++、Java 等面向对象程序设计语言的出现，使软件开发也逐渐变成了有规模、有产业的商业项目。

  可视化程序设计语言，即图形界面的程序设计语言，如 Visual C++、Visual Basic、Delphi 等，是在 Windows 操作系统出现以后发展起来的。C++语言与 C 语言相兼容，运行性能高，又有数据抽象和面向对象的特性，是当前面向对象程序设计的主流语言。目前，常用的 C/C++语言开发软件有 Turbo C(简称 TC 1987,POP)、Turbo C++(1990 年,OOP)、Borland C++(1991 年)、Win-TC、Dev C++、Visual C++(可视化,简称 VC,20 世纪 90 年代末,OOP)和 Visual C++.NET(C#)。其中,VC 语言既可以使用 Windows 图形用户界面,又可以调用 Windows 的其他资源。Visual C++.NET(C#)为 Windows 和 Web 应用程序提供动态开发环境。

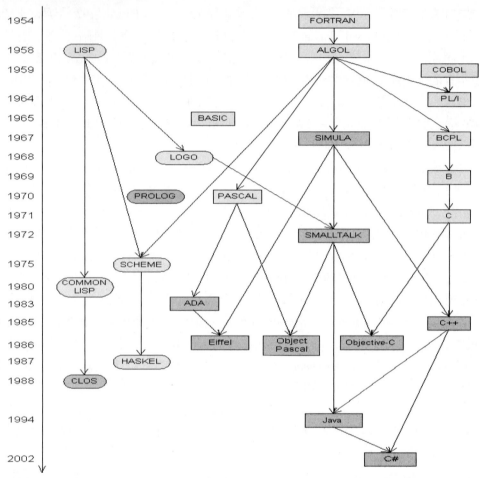

图 1-2 C 语言的发展历史简图

1.1.3 C 语言的特点

1. C 语言的优点

C 语言是国际上流行的计算机高级语言,它被广泛应用于系统软件和应用软件的编写,是公认的最重要的几种编程语言之一,被称作"低级语言中的高级语言,高级语言中的低级语言"。其优点如下。

(1) 语言简洁紧凑,使用方便灵活。关键字是编程语言里事先定义好并赋予了特殊含义的单词,对语言编译器有特殊的意义,用来表示一种数据类型或者表示程序的结构。在 ANSI C 标准中,C 语言共有 32 个关键字,如表 1-1 所示。

C 语言共有 9 种控制语句,如表 1-2 所示。程序书写自由,主要用小写字母来表示。

表 1-1 C 语言的 32 个关键字

序号	关键字	说明	序号	关键字	说明
1	auto	自动变量	17	static	静态变量
2	short	短整型	18	volatile	变量在程序执行中可被隐含地改变
3	int	整型	19	void	空类型
4	long	长整型	20	if	条件语句
5	float	浮点型	21	else	条件语句否定分支(与 if 连用)
6	double	双精度	22	switch	开关语句
7	char	字符型	23	case	开关语句分支
8	struct	结构体	24	for	一种循环语句
9	union	共用体	25	do	循环语句的循环体
10	enum	枚举类型	26	while	循环语句的循环条件
11	typedef	给数据类型取别名	27	goto	无条件跳转语句
12	const	只读变量	28	continue	结束当前循环，开始下一轮循环
13	unsigned	无符号类型	29	break	跳出当前循环
14	signed	有符号类型	30	default	开关语句中的其他分支
15	extern	外部存储变量	31	sizeof	计算数据类型长度
16	register	寄存器变量	32	return	返回

表 1-2 C 语言的 9 个控制语句

序号	控制语句	说明
1	if 语句	条件选择语句
2	switch 语句	开关分支语句
3	while 语句	当型循环语句
4	do while 语句	直到型循环语句
5	for 语句	计数循环语句
6	continue 语句	中止本次循环语句
7	break 语句	终止执行 switch 或循环语句
8	goto 语句	无条件转移语句
9	return 语句	函数返回语句

(2) 数据类型和运算符丰富多样。C 语言内置了丰富的运算符，共有 34 种运算符。

(3) 可移植性强。可移植性是指程序可以从一个环境下不加修改或稍加修改就可移到另一个完全不同的环境下运行。想跨越平台来执行 C 语言，通常只要修改极少部分的程序码，再重新编译即可执行。据统计，不同机器上的 C 编译程序 80%的代码是相同的。

(4) 高效率的编译式语言，生成的目标代码质量好，程序执行效率高。C 语言通过编译器(Compiler)将整个程序码编译成机器码，然后执行，其执行速度远比解释型(Interpreter)快。解释型程序，如 BASIC 程序，边解释边执行，虽然占用的存储器较少，但执行的速度会变慢，效率较低。另外，C 语言允许直接访问物理内存，进行位操作，具有低级语言的许多功能，程序执行效率高。

(5) 介于高级与低级之间的语言。低级语言，如汇编语言与机器语言，适合计算机阅读；高级语言贴近人类语言习惯，如 BASIC，适合人类阅读。C 语言兼具低级与高级语言的优点与特色，是介于高级与低级之间的语言，所以也有人称它为中级语言。

C++与 Java 均是以 C 语言为基础，再加上面向对象程序设计(OOP)技术，使得它们活跃于 Windows 可视化程序设计与网络程序设计中。Flash 的 ActionScript 的语法与 C/C++也非常接近。

2. C 语言的局限性

C 语言并不是完美无缺的，在流行的同时也暴露出了它的局限性。
(1) C 语言类型自检机制较弱，使得程序中的一些错误不能在编译时被发现。
(2) C 语言本身缺乏支持代码重用的机制，使得各个程序的代码很难为其他程序所用。

1.2 算法概述

著名瑞士计算机科学家沃思(Nikiklaus Wirth)曾提出一个公式"程序=数据结构+算法"，并因此成为 1984 年图灵奖得主。目前这个公式已经修改为：

程序=算法+数据结构+程序设计方法+语言工具和环境

其中，数据结构主要是数据的类型和数据的组织形式，是对程序中数据的描述；算法则是对程序中操作的描述，也就是操作步骤。

1.2.1 算法的概念

算法(Algorithm)是在有限步骤内求解某一问题所使用的一组定义明确的规则。计算机算法是用计算机求解一个具体问题或执行特定任务的一组有序的操作步骤(或指令)，是构成计算机程序的核心部分。通俗点说，算法就是计算机解题的过程。在这个过程中，无论是形成解题思路还是编写程序，都是在实施某种算法。前者是推理实现的算法，后者是操作实现的算法。

例如，要求计算圆的面积，算法为：

(1) 输入或指定半径值 r。

(2) 使用公式 $S=\pi r^2$。

(3) 输出显示 S 的值。

程序是利用计算机程序设计语言设计出的能够在计算机上运行，并且能解决实际问题的工具。一个程序应该包括两方面的工作内容：一是对数据进行合理的组织，即在程序中要指定数据的类型和数据的组织形式，即数据结构(Data structure)；二是设计解决问题的算法，即操作步骤。

用计算机求解问题，必须编写求解问题的程序，可以通过以下两种途径获得：一是利用现有的程序；二是自己编程。编程的依据是求解问题的算法。

算法是程序设计的精髓，程序设计的实质是构造解决问题的算法，将其解释为计算机语言。算法是数据结构、算法设计、数学以及与问题有关的知识的综合应用。算法设计是计算机工作者，特别是计算机专业教师和学生必备的基本功。

1.2.2 算法的特性

算法有以下 5 个重要特征。

(1) 有穷性：任何算法都应该在执行有穷步骤之后结束。

(2) 确定性：算法的每一步骤必须有确切的定义，不能具有二义性。算法中每一步的语义都应该清晰明了，明确指出应该执行什么操作，如何执行操作。

(3) 可行性：算法原则上能够精确地运行，而且人们用笔和纸做有限次运算后即可完成。根据算法编写出来的程序应具有较高的时空效率，执行时间短，不占用过多内存。

(4) 有零个或多个输入：算法可以有零个或多个输入，用来刻画运算对象的初始情况。

(5) 有一个或多个输出：算法必须具有一个或多个执行结果的输出，用来反映对输入数据加工后的结果。没有输出的算法是毫无意义的，是一个无效算法。

1.2.3 算法的表示

描述算法的常见方式有以下几种。

(1) 自然语言表示：易理解和交流，但易产生二义性。

(2) 伪代码表示：伪代码使用介于自然语言和计算机语言之间的文字和符号来描述算法。

(3) 程序流程图：用图形符号和文字说明表示数据处理的过程和步骤。流程图所使用的图形如图 1-3 所示，图形解释如表 1-3 所示。

(4) N-S 流程图：也称方框图，适于结构化程序设计的算法描述工具。

传统的程序流程图由一些特定意义的图形、流程线及简要的文字说明构成，它能明确地表示算法的运行过程，是描述算法的良好工具。

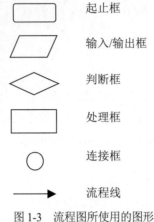

图1-3 流程图所使用的图形

表1-3 流程图的图形解释

图形	名称	图形含义
圆角矩形	起止框	表示算法开始或结束的符号
平行四边形	输入/输出框	表示算法过程的信息输入和输出
菱形	判断框	表示算法过程中的选择分支结构,框内注明判断条件,决定程序的流向,通常上顶点表示入口,其余的顶点表示出口
矩形	处理框	表示算法过程中需要处理的内容或程序段,框内用文字简述其功能。只有一个入口和一个出口
圆形	连接框	框内注有字母,当流程图跨页或出现流向线交叉时,用它表示彼此之间的关系,相同符号的连接框表示它们是相互连接的
箭头线	流程线	表示算法流程的方向,以单向箭头表示

举一个生活中的例子:如果下雨,则带伞,否则戴太阳眼镜;不管是否下雨,最后都要出门。图1-4给出对应的出门事件的流程图。传统流程图的一个主要不足是流程线的用法缺乏规范。由于流程线可以转移流程的执行方向,如果使用不当或流程控制转移不明晰,容易导致程序的混乱和出错。

1973年,美国学者纳斯(I.Nassi)和施内德曼(B.Schneiderman)提出N-S流程图(也称为方框图),它没有使用流程线,而是把整个算法写在一个大框图内,这个大框图由若干个小的基本框图构成,算法按照从上到下、从左到右的顺序执行。

需要注意的是,算法一般只是对处理问题思想的一种描述,不是计算机可以直接执行的程序代码。因此,算法本身是独立于计算机的,算法的具体实现则由计算机完成。从这个意义上说,程序设计的本质就是要将算法转化为计算机程序。处理一个问题,可以有不同的算法。设计和选择算法是至关重要的,不仅要保证算法正确,还要考虑算法的质量和效率。

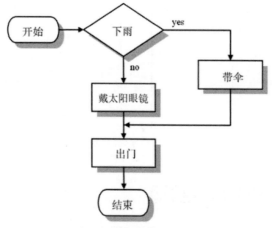

图 1-4 出门事件的流程图

结构化程序设计的观点认为，任何算法功能都可以通过 3 种基本控制结构以及它们的嵌套组合来实现，这 3 种结构分别是顺序结构、选择(分支)结构和循环结构。N-S 流程图是一种适于结构化程序设计的算法描述工具。顺序结构的流程图如图 1-5 所示，双分支选择结构的流程图如图 1-6 所示，当型和直到型循环结构的流程图如图 1-7 和图 1-8 所示。

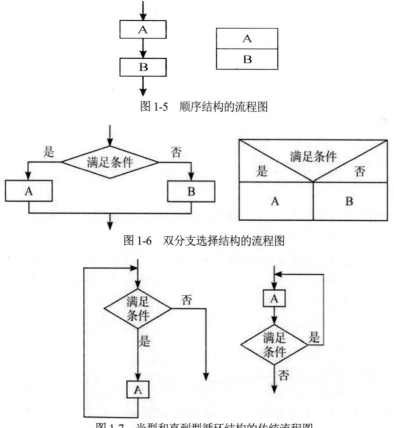

图 1-5 顺序结构的流程图

图 1-6 双分支选择结构的流程图

图 1-7 当型和直到型循环结构的传统流程图

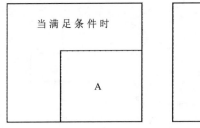 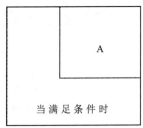

图 1-8 当型和直到型循环结构的 N-S 流程图

1.3 C语言程序的基本结构

一个 C 语言程序由一个固定名称为 main 的主函数和若干个其他函数(可没有)组成。下面通过几个例题，总结出 C 语言程序的结构特点。在 Dev C++环境下编写的第一个 C 语言如下。

【例 1-1】在屏幕上输出 Hello everyone!。

```
#include <stdio.h>            /*编译预处理命令文件包含*/
int main()                    /*主函数*/
{
    printf("Hello everyone!\n");  /*在屏幕上输出语句*/
    return 0;                 /*主函数正常运行完毕，则返回0*/
}
```

将例 1-1 编译、连接、运行后，在屏幕上输出：Hello everyone!

1. 文件包含

文件包含的格式：

```
#include <stdio.h>
```

C 语言是一种"装配式"语言，许多常规的工作如输入、输出、数学函数等，往往事先由程序员做成各种程序模块，存放在各种头文件(.h)中。

文件包含的作用是根据需要把相应的某个头文件的内容在编译时先整体嵌入所编写的程序中。用户也可以将自己设计的程序模块等做成头文件，供其他程序包含。使用文件包含功能的优点是提高程序设计效率和程序可靠性，减少程序员重复劳动量。

Turbo C 提供了 300 多个标准库函数，存放在若干个头文件中。常用的函数如下。

- stdio.h：标准输入/输出函数。
- math.h：数学函数。
- stdlib.h：常用函数。

一个优秀的程序员不应是事无巨细、万事都要从头做起的"工匠"，而应是一个"策划师" + "组装师"。所以，逐步熟悉并掌握常用函数等现有功能模块，是学习 C 程序设计的一个重要内容。

2. 主函数

主函数的一般形式：

```
int main()
{   数据定义(变量说明语句);    /*数据结构*/
    数据处理(执行语句);        /*算法*/
}
```

说明：

(1) C 语言是一种函数式语言，C 程序的基本组成是函数。一个函数实际上就是一个功能模块。

(2) 一个 C 程序是由一个固定名称为 main 的主函数和若干个其他函数(可没有)组成。

(3) 一个 C 程序必须有一个也只能有一个 main 主函数。

(4) 主函数在程序中的位置可以任意，但程序执行时总是从主函数开始，在主函数内结束。

(5) 主函数可以调用其他各种函数(包括用户自定义函数)，但其他函数不能调用主函数。

3. 注释

在编写程序时，为了使代码易于阅读，通常会在实现功能的同时为代码加一些注释。注释是对源程序进行注解，对程序的某个功能或者某行代码的解释说明，增加程序的可读性。它只在 C 源文件中有效，对编译和运行不起作用，在编译程序时编译器会忽略这些注释信息。

C 语言中的注释有两种类型，具体如下。

(1) 单行注释格式：//注释内容

说明：符号"//"后面为被注释的内容。

例如：

```
int c=10;    //定义一个整型变量
```

(2) 多行注释格式：/*注释内容*/

说明：以符号"/*"开头，以符号"*/"结尾。

例如：

```
/*  int c=10;
int x=5;        */
```

注释可以出现在一行的最右侧，也可以单独成为一行，如果需要，程序中的任意一行都可以加上注释。

【例 1-2】输入两个整数，求两个整数的和。

```
#include <stdio.h>
int main()
{   int a,b,c;                /*变量声明，定义整型变量 a、b、c */
    scanf("%d,%d",&a,&b);     /*输入语句，输入两个整数分别赋值给 a 和 b */
```

```
        c=a+b;                    /*计算变量 a 和 b 的和并赋值给变量 c */
        printf("c=%d\n",c);       /*输出结果*/
        return 0;
}
```

输入 1,2，则程序运行结果：c=3

4. 数据类型定义语句

数据类型定义语句格式：

变量类型关键字 变量名;

例如：

```
int a,b,c;                //定义 a、b、c 为整型变量
float r,s;                //定义 r、s 为单精度实型变量
```

注意：

在 C 语言程序中，所有变量都要先定义后使用，否则就会出现编译错误提示。例如：

Error: Undefined symbol 'a' in function main

5. 赋值语句

赋值语句格式：

变量名=常量或表达式;

作用：使变量获得具体的运算值。

例如：

```
r =3.0;                   /*把 3.0 赋值给变量 r*/
c=a+b;                    /*将 a 与 b 相加后的和赋值给 c*/
```

变量赋初值也可在数据类型定义时进行，如：

```
 float r =3.0;
```

6. 输出语句

输出语句格式：

printf(格式控制字符串,输出列表);

作用：普通字符在输出时按原样输出，转义字符则输出它所代表的字符。

例如：

```
printf("Hello,everyone!\n");    /*引号中的字符原样输出*/
```

其中，\n 是转义字符，代表换行符，即表示回车光标移到下一行开头处。
输出格式控制符以%开始，后面跟格式字符，用于以指定的格式输出数据。如例 1-2 中

```
printf("c=%d\n",c);
```

输出结果是 c=3，其中格式控制符%d 表示输出十进制整数，此处代替整型变量 c 的值。以下是常用格式控制符。

- 字符型：%c 表示单字符；%s 表示字符串。
- 数值型：%d 表示整数(十进制)；%f 表示实数(小数形式，默认为 6 位小数)。

7. 输入语句

输入语句格式：

```
scanf(格式控制字符串,输入项地址列表);
```

作用：以格式控制字符串指定的格式输入数据，并存入地址列表所对应的内存中。
例如：

```
scanf("%d,%d",&a,&b);
```

其中，& 是地址运算符，用于获取变量在内存中的地址。

注意：
(1) 若格式控制字符串间用逗号隔开如"%d,%d"，则输入的两个数用逗号隔开，如 1,2。
(2) 若格式控制字符串间用空格隔开，如"%d %d"，或者没有隔开，如"%d%d"，则输入的两个数都用空格或者回车隔开。

例如：

1 2

或者

1
2

【例 1-3】给定圆的半径为 3.0，求圆的面积。

```
#define PI 3.14159          /*编译预处理——宏替换*/
#include <stdio.h>           /*编译预处理——文件包含*/
int main()                   /*主函数*/
{   float r,s;               /*定义变量 r、s 类型为单精度实型*/
    r=3.0;                   /*变量 r 赋初值*/
    s=PI*r*r;                /*计算圆面积 s*/
    printf("r=%.2f,s=%.2f\n",r,s);   /*输出结果*/
    return 0;
}
```

程序运行结果：

r=3.00,s=28.27

8. 宏定义

宏定义格式：

#define 标识符 文本

其中，标识符就是所谓的符号常量，也称为宏名。例如：

#define PI 3.14159

其中，PI 为符号常量，即宏名，最好用大写，以区别一般变量。3.14159 为宏体，宏体也可以是一个表达式。

作用：用简单符号代表宏体部分内容(编译时会先自动替换)。

意义：直观，可多次使用，便于修改。

注意：

#define 可出现在程序的任意位置，其作用范围为由此行到程序末尾。

宏定义不是 C 语句，不必在行末加分号，否则会连分号一起置换。

9. 条件选择语句

例 1-3 中的程序有两个不足：
(1) 如果要求多个半径 r 值时的面积 s，每次都必须修改源程序并重新编译处理。
(2) 如果半径 r 为负值，也会有正常的 s 值输出。
为此，可将程序进行如下修改。
(1) 增加键盘输入函数。
键盘输入函数的格式：

scanf("%f",&r); /* &r 变量 r 的存储单元地址*/

功能：将键盘输入的值存放到变量 r 所对应的存储单元中。scanf()函数通常与 printf()函数组合使用，实现"人机对话"功能。

(2) 增加 if 条件判断 if(r>=0)。
条件选择语句格式：

if(条件表达式)语句或{复合语句};

功能：如果条件表达式的值为真，就执行指定语句或复合语句。
扩展形式：

if … else 语句；

或

```
if  (条件表达式)  语句或复合语句;
else   语句或复合语句;
```

注意:

条件表达式必须用()括起,且不能跟分号。关于 if 语句的详细讲解见后面章节。

例 1-3 修改后的程序为:

```
#define PI 3.14159
#include <stdio.h>
int main()
{   float r;
    printf("请输入半径 r: ");
    scanf("%f",&r);
    if(r>=0)
        printf("r=%.2f,s=%.2f\n",r,PI*r*r);
    else
        printf("半径不能为负数! ");
    return 0;
}
```

【例 1-4】改编例 1-2 的程序,将求两个整数的和用自定义函数编写,由主函数调用。

```
#include <stdio.h>
int main()
{   int a,b,c;
    int add(int x, int y);        /*函数声明,声明本函数要调用的 add 函数*/
    scanf("%d, %d", &a, &b);      /*输入变量 a 和 b 的值*/
    c=add(a, b);                  /*调用 add 函数,将函数的返回值赋给 c*/
    printf("c=%d", c);            /*输出 c 的值*/
}
int add(int x,int y)              /*定义函数值为整型,形式参数 x、y 为整型的 add 函数*/
{   int z;                        /*add 函数中的声明部分,定义本函数中用到的整型变量 z*/
    z=x+y;
    return (z);                   /*返回 z 的值到该函数被调用处*/
}
```

当运行程序时输入:100,478↙(↙代表 Enter 键)。程序输出如下:

c=578

10. 函数及函数的调用

C 语言是一种函数式语言,其程序基本组成是函数。C 语言包括库函数和用户自定义函数,库函数是由 C 语言编译系统提供的,可以直接使用,比如 printf、scanf 函数等;而用户自定义函数是依照问题需要由用户自己编写的。

例 1-4 是由主函数 main 和用户自定义的函数 add 组成,main 函数是主调函数,add 函数是被调函数。add 函数的作用是求两个变量的和,并返回求和结果,return 语句将 z 的值返回主调函数 main 中调用 add 函数的位置并赋值给 c。程序第 4 行是对被调用函数 add 的声明,为了使编译系统能够正确识别和调用 add 函数,必须在调用 add 函数之前对 add 函数进行声明。有关函数声明将在第 5 章进一步介绍。

通过以上几个例题可以总结出以下几点。

(1) C 语言是一种函数式语言,其程序基本组成是函数。
(2) 每个 C 程序必须有一个也只能有一个主函数 main。
(3) 不管主函数在程序中的位置如何,程序执行总是从主函数开始。
(4) 所有变量必须先定义后使用。
(5) 每个语句必须用分号(;)结束(注意是"每个语句"而不是"每行语句")。
(6) 编译预处理命令不是语句(行末不能用分号结束)。
(7) C 语言本身没有输入/输出语句,其功能须通过调用相关函数来实现。
(8) 使用系统提供的标准库函数或其他文件提供的现成函数时,必须使用"文件包含"。

【例 1-5】已知宏定义 #define SQ(x) x*x,执行语句 printf("%d",10/SQ(3));后的输出结果是_____。

    A. 1   B. 3   C. 9   D. 10

答案:C

分析:宏替换后的结果是 printf("%d",10/3*3)。

【例 1-6】已知宏定义

```
#define N 3
#define Y(n) ((N+1)*n)
```

执行语句 z=2*(N+Y(5+1));后,变量 z 的值是_____。

    A. 42   B. 48   C. 52   D. 出错

答案:B

分析:语句 z=2*(N+Y(5+1))引用了两个宏定义。C 语言是区分字母大小的,第二个宏定义中的 N 直接用 3 替换,用 5+1 替换 n,则有 z=2*(3+(3+1)*5+1);结果是 48。注意对于带参数的宏也是直接的文本替换,此例中 n 用 5+1 去替换,结果是(N+1)*5+1,而不是(N+1)*(5+1)。

1.4 C 语言程序的编译与运行

源程序也称源代码,是指未编译的、按照一定的程序设计语言规范书写的文本文件,是一系列人类可读的计算机语言指令,可以用汇编语言或高级语言编写。计算机源代码的最终目的是将人类可读的文本翻译成为计算机可以执行的二进制指令,这种过程叫编译,通过编译器完成。不同的程序设计语言的源程序的扩展名是不同的,例如,用 C 语言编写的源程序,其文件扩展名为.c;用 Java 语言编写的源程序,其文件扩展名为.java。

编译程序是将源程序译成能被 CPU 直接识别的目标程序或可执行指令的程序。例如,用汇编语言书写的源程序要经过汇编程序译成用机器语言表示的目标程序,用高级语言书写的源程序要经过编译程序译成用机器语言表示的目标程序。

目标程序是经编译程序翻译生成的程序,文件扩展名为.obj。

可执行程序是经连接程序处理过的程序,文件扩展名为.exe。

需要指出的是,源代码的修改不能改变已经生成的目标代码。如果需要目标代码做出相应的修改,必须重新编译。

源程序、目标程序及可执行程序的关系如图 1-9 所示。

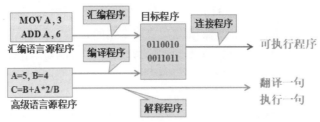

图 1-9 源程序目标程序及可执行程序的关系

C 语言是一种通过编译程序处理的高级程序设计语言,其处理流程(如图 1-10 所示)具体如下。

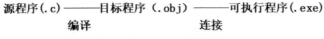

图 1-10 C 语言的处理流程

(1) 编辑 C 语言程序:当确定了解决问题的方案后,可以用 C 语言系统提供的编辑功能编写一个 C 语言源程序,源程序的扩展名为.c。

(2) 编译 C 语言程序生成目标程序:由于计算机只能识别和执行由 0 和 1 组成的二进制文件,而不能识别和执行用高级语言编写的源程序,所以必须先用 C 语言系统的编译程序(即编译器)对其进行编译,以生成以二进制代码形式表示的目标程序,目标程序的扩展名为.obj。

(3) 连接生成可执行程序文件:将目标程序与系统的函数库以及其他目标程序进行连接装配,才能形成可执行程序文件,可执行文件的扩展名为.exe。

(4) 运行可执行程序文件:将可执行程序文件(扩展名为.exe)调入内存并运行,得到程序的结果。

【例 1-7】求 3.5、4.6 和 7.9 这 3 个数的平均值。

```
    z=7.9;
    aver=(x+y+z)/3;
    printf("aver=%.1f",aver);
    return 0;
}
```

程序运行结果：

aver=5.3

1.5　C/C++开发环境

　　C语言编译器可以分为C和C++两大类，其中C++是C的超集，也支持C语言编程。事实上，编译器的选择不是最重要的，它们都可以完成基本的C语言编译。但因为编译器的编译结果存在一定差别，特别是在一些复杂语法的语句编译上，为顺应考试需求，本节主要介绍Visual C++ 6.0和Dev C++的使用方法。

1.5.1　Visual C++开发环境

　　Visual C++(简称VC++)是Windows环境下最强大、最流行的程序设计语言之一。Visual C++集成开发环境包括程序自动生成向导AppWizard、类向导ClassWizard、各种资源编辑器以及功能强大的调试器等可视化和自动化编程辅助工具。

　　在Visual C++ 6.0软件中，调试、连接和运行Visual C++应用程序项目的步骤如下：

(1) 双击运行VC++ 6.0软件，打开如图1-11所示VC++ 6.0主窗口。

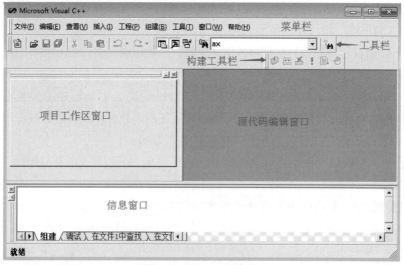

图1-11　VC++ 6.0窗口

(2) 创建源程序文件，选择"文件"菜单中的"新建"命令，打开"新建"对话框，单击

"文件"选项卡下的 C++ Source File，然后填写文件名，文件扩展名为.c(C 源文件)或.cpp(C++ 源文件)，"位置"选项选择已建好的文件夹，如图 1-12 所示。

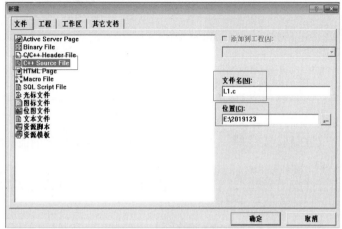

图 1-12 "新建"对话框

(3) 单击"确定"按钮，然后在窗口中输入相应的 C 或 C++源程序代码，并保存。

(4) 单击编译工具条上的编译按钮，在如图 1-13 所示对话框中单击"是"按钮，生成工作区文件，在如图 1-14 所示的调试信息窗口中出现 L1.obj-0 error(s),0 Warning(s)，表示编译正确，生成 L1.obj 目标文件。

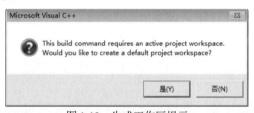

图 1-13 生成工作区提示

图 1-14 编译源程序

若信息窗口显示有错误 error(s)(见图 1-15)，则需要对程序进行修改。双击错误信息，光标会回到编辑窗口中错误程序所在行或附近行，修改好后再重新编译；若显示的是警告 warning(s)，

19

不影响生成目标文件，但也建议先修改再编译。

图 1-15　信息窗口显示有错误

(5) 单击编译条上的连接按钮 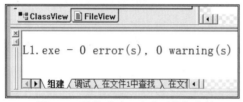，当信息窗口出现如图 1-16 所示的情况，表示连接成功，产生可执行文件 L1.exe。

(6) 单击编译条上的运行按钮 ，自动弹出运行窗口，显示运行结果或等待用户输入数据，如图 1-17 所示，然后按任意键继续返回编辑窗口。

图 1-16　连接成功，生成可执行文件　　　图 1-17　运行结果窗口

(7) 关闭工作空间：单击"文件"菜单下的"关闭工作空间"命令，然后再返回第 2 步新建其他工作区。

1.5.2　Dev C++ 开发环境

本书选择 Dev C++ 开发环境，书中所有例题均在此环境下调试通过。Dev C++ 软件的使用方法如下。

(1) 软件的安装与设置。第一次安装使用 Dev C++ 软件，通常会提示语言选项，默认为英语，可以选择中文，如图 1-18 所示。初始安装后，默认的字号很小，可以选择"工具"菜单下的"编辑器选项"命令对字体字号进行设置，如图 1-19 所示。

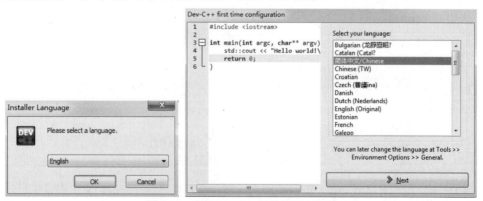

图 1-18　安装 Dev C++ 软件的语言选项

图 1-19　Dev C++软件编辑选项设置

然后在弹出的"编辑器属性"窗口中选择"字体"下拉菜单修改字体，在"大小"下拉列表框中修改字号大小，如图 1-20 所示。

图 1-20　Dev C++软件编辑选项的字体设置

(2) 源程序文件的创建。选择"文件"菜单下的"新建"命令，然后选择"源代码"可创建源文件。

(3) 源程序文件的编辑与保存。新建源程序后，在编辑窗口编辑源程序，然后选择"文件"菜单下的"保存"命令进行保存，可以保存为.c 或.cpp 源程序，如图 1-21 所示。

图 1-21　源程序文件的保存

(4) 源程序文件的编译运行。保存后可通过"运行"菜单下的"编译"和"运行"命令进行编译和运行，或者直接选择"编译运行"命令；也可以单击编译运行工具条上的快捷按钮"编译(F9)""运行(F10)"或"编译运行(F11)"程序,如图1-22所示。

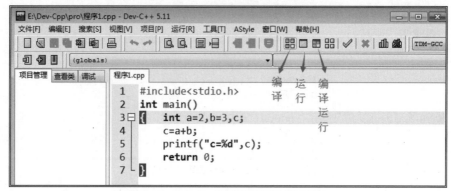

图1-22　Dev C++程序的编译运行工具条

若程序有错误,编译器里显示错误信息,可通过错误提示修改程序,如图1-23所示。

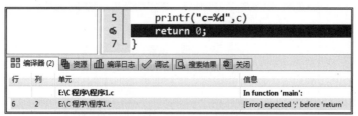

图1-23　编译器显示错误信息

编译运行成功后弹出运行结果窗口,显示运行结果,如图1-24所示。

图1-24　运行结果窗口

1.6　习题

1.6.1　选择题

1. C语言源程序扩展名为.C,需经过(　　)之后,生成.exe文件,才能运行。
   A. 编辑、编译　　　　　　　　B. 编辑、连接
   C. 编译、连接　　　　　　　　D. 编辑、改错
2. C语言可执行程序的开始执行点是(　　)。
   A. 程序中第一条可执行语言　　B. 程序中第一个函数
   C. 程序中的main函数　　　　　D. 包含文件中的第一个函数

3. 下列叙述正确的是(　　)。
   A. 一个 C 程序只能包含一个 main 函数
   B. C 源程序可以直接运行
   C. C 语言是一种面向对象的程序设计语言
   D. C 程序文件的扩展名为.CPP
4. 下列叙述正确的是(　　)。
   A. C 语言是一种结构化的程序设计语言
   B. C 程序中不允许出现注释行
   C. C 程序一条语句只能写在一行上
   D. C 程序不允许使用循环结构
5. 下列叙述正确的是(　　)。
   A. C 程序一行内可以有多条语句　　B. C 程序中语句的结束符号为逗号
   C. C 程序中的注释行只能占用一行　　D. C 程序中的变量可以先使用后定义
6. C 语言程序总是从 main 函数开始执行，main 函数要写在(　　)。
   A. 程序文件的开始　　　　　　　　B. 程序文件的最后
   C. 它所调用的函数的前面　　　　　D. 程序文件的任何位置
7. 下列叙述正确的是(　　)。
   A. C 程序中的语句块由<>括起来　　B. C 程序中每一行必须有一个分号
   C. C 程序中的函数体由( )括起来　　D. C 程序的复合语句由{ }括起来
8. 下面关于 C 语言的叙述，正确的是(　　)。
   A. 每行只能写一条语句　　　　　　B. 程序中必须包含有输入语句
   C. main 函数必须位于文件的开头　　D. 每条语句最后必须有一个分号
9. 下面关于 C 语言的叙述中，错误的是(　　)。
   A. 若一条语句较长，也可分在下一行上
   B. 构成 C 语言源程序的基本单位是表达式
   C. C 语言源程序中大、小写字母是有区别的
   D. 一个 C 语言源程序可由一个或多个函数组成
10. 结构化程序设计的 3 种基本结构是(　　)。
    A. 函数结构、分支结构、判断结构　　B. 函数结构、嵌套结构、平行结构
    C. 顺序结构、分支结构、循环结构　　D. 分支结构、循环结构、嵌套结构

1.6.2　填空题

1. C 程序都是从_____函数开始执行。
2. C 程序的语句都是用_____结束。
3. 用来在屏幕上显示信息的库函数是_____，用来从键盘读取数据的库函数是_____。

4. C 程序中_____用来提高程序的可读性。

5. C 语言共有_____个关键字，_____种控制语句，_____种运算符。

1.6.3 编程题

1. 在屏幕上输出如图 1-25 所示的图案。

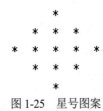

图 1-25 星号图案

2. 编程实现：输入两个整数，输出其中较大数。

1.6.4 简答题

1. 简述 C 语言的发展历史。
2. 低级语言和高级语言的主要区别是什么？
3. 举例说明 C 程序的基本结构。

第 2 章 基本数据类型与运算

数据类型和数据之间的运算表达式是构成程序设计语言最基础的部分。数据类型是指变量值的不同类型，用于表示年龄的整数是一种数据类型，用于表示身高、体重、薪资等带有小数点的实数是一种数据类型，用于表示姓名的一串字符是一种数据类型，用于说明个人爱好的字符串又是另一种数据类型。本章主要介绍 C 语言的基本数据类型、常量、变量、运算符与表达式、格式化和字符输入/输出函数等。复杂的数据类型在以后的章节中介绍。

【学习目标】
1. 了解 C 语言的关键字，掌握 C 语言标识符的命名规则。
2. 掌握 C 语言数据类型、常量，以及变量的定义和赋值方法。
3. 认识常数与变量的不同。
4. 了解数据溢出的发生。
5. 熟悉 C 运算符的使用、基本运算符的优先级。
6. 掌握数据输入/输出函数的使用。

【重点与难点】
变量的定义和赋值，C 运算符的使用，数据输入/输出函数的使用。

2.1 数据类型

在通过计算机处理实际问题时，会遇到各种类型的数据，C 语言提供了丰富的数据类型，用户在编写程序时可根据需要选择相应的数据类型。

2.1.1 C 语言数据类型

C 语言的数据类型，如图 2-1 所示。基本数据类型有数值型(整数型、浮点型)、字符型和枚举型。不同的 C 语言编译系统，其测试的类型长度可能有所不同，如 Turbo C 中 short int 与 int 的长度，都是 2 字节。Dev C++中 short int 是 2 字节，int 与 long int 的长度都是 4 字节。各数据类型的字节长度可以用测试类型长度的专用关键字 sizeof 运算得到，图 2-1 中显示的是 Dev C++

环境下的测试结果,测试程序见例 2-1。注意观察不同类型长度的排序:char<short int<int<=long int<=float<double<long double。

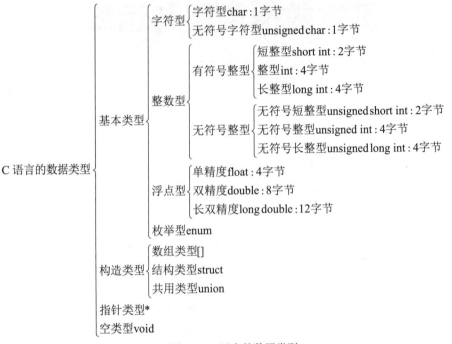

图 2-1 C 语言的数据类型

【例 2-1】求各基本数据类型的字节长度。

```
#include <stdio.h>
int main()
{    printf("\nchar:              %d 字节",sizeof(char));
     printf("\nshort int:         %d 字节",sizeof(short int));
     printf("\nint:               %d 字节",sizeof(int));
     printf("\nlong int:          %d 字节",sizeof(long int));
     printf("\nunsigned int:      %d 字节",sizeof(unsigned int));
     printf("\nfloat:             %d 字节",sizeof(float));
     printf("\ndouble:            %d 字节",sizeof(double));
     printf("\nlong double:       %d 字节",sizeof(long double));
     return 0;
}
```

程序运行结果,如图 2-2 所示。

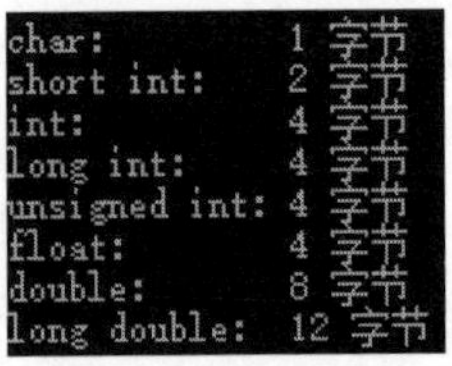

图 2-2 Dev C++环境下各基本数据类型的字节长度

2.1.2 数据存储形式

整数类型分为短整型、整型、长整型、无符号短整型、无符号整型和无符号长整型，浮点类型分为单精度和双精度。不同类型数据的取值范围由它们占用的字节大小决定。以 2 字节的 short int 型为例，在内存中占用 16 位，最高位是符号位，正数用 0 表示，负数用 1 表示。short int 型所能表示的最大数的机内表示为 0111111111111111，这个二进制对应的十进制数是 $2^{15}-1=32767$；short int 型所能表示的最小数的机内表示为 1000000000000000，对应的十进制数是 $-2^{15}=-32768$，所以 short int 型的取值范围是 $-32768 \sim +32767$，即 $-2^{15} \sim (2^{15}-1)$。各类型的标识符、取值范围和字节长度如表 2-1 所示。

表 2-1 不同数据类型的数值范围

数据类型		类型标识符	字节长度	数值范围
字符型	字符型	char	1	$-128 \sim +127$，即 $-2^7 \sim (2^7-1)$
	无符号字符型	unsigned char	1	$0 \sim 255$，即 2^8-1
整数类型	短整型	short int	2	$-32768 \sim +32767$，即 $-2^{15} \sim (2^{15}-1)$
	无符号短整型	unsigned short int	2	$0 \sim 65535$，即 $0 \sim (2^{16}-1)$
	整型	int	4	$-2147483648 \sim +2147483647$，即 $-2^{31} \sim (2^{31}-1)$
	无符号整型	unsigned int	4	$0 \sim 4294967295$，即 $0 \sim (2^{32}-1)$
	长整型	long int	4	$-2147483648 \sim +2147483647$，即 $-2^{31} \sim (2^{31}-1)$
	无符号长整型	unsigned long int	4	$0 \sim 4294967295$，即 $0 \sim (2^{32}-1)$
浮点类型	单精度浮点数	float	4	1.2e-38～3.4e38
	双精度浮点数	double	8	2.2e-308～1.8e308

数据在计算机中是以二进制形式进行处理的。在大多数机器中，整数采用补码的形式来存储，如图 2-3 所示。

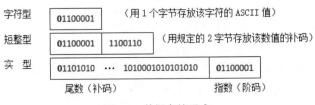

图 2-3 数据存储形式

注意：
(1) 第一位均为符号位。
(2) 字符型以 ASCII 码存储，其余以补码存储。

(3) 对 ASCII 码，要求记住：

① 大小排序为 0～9<A～Z<a～z，同组各相邻字符的值差 1。

② A 的 ASCII 值是 65，a 的 ASCII 值是 97。

③ 大小写同名字符(如 A 和 a)的差值是 32。

(4) 由实数的存储形式可以看出，小数部分占的位数越多，所能表示的精度越高，指数部分占的越多，所能表示的数值范围越大。

(5) 整型和字符型均可为 unsigned(默认为 signed)，unsigned 将符号位也作为数值位。但是，实型数据无 unsigned(均带符号位)。

2.1.3 数据溢出的发生

当存储的数值超出其存储空间长度时，会自动截去左边多余部分，使数值发生改变，这就是数据溢出。下面举例说明数据溢出的计算情形。

【例 2-2】 数据溢出分析：对 short int 型数据输入大于 32767 的值。

```
#include <stdio.h>
int main()
{   short int a;
    scanf("%hd",&a);
    printf("a=%hd\n",a);
    return 0;
}
```

程序运行程序：

12345✓
a=12345
1234567✓   (转换为二进制 100101101011010000111)
a=-10617   (其补码为 1101011010000111)

注意：

整型 ≠ 整数。

分析：2 字节的 short int 所能表示的最大值为+32767。当输入 12345 时，输出结果正常，输出 12345。当输入 1234567，数值大于 32767，数据发生"溢出"，超出其存储空间 16 位长度的部分(左边多余部分)，会自动截去，得到一个补码 1101011010000111，对应的反码为 1010100101111000，原码为 1010100101111001，转换为十进制数-10617。数据溢出的具体分析，如图 2-4 所示。

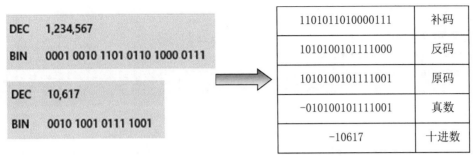

图 2-4　例 2-2 中 1234567 显示为-10617 的数据溢出分析

【例 2-3】 数据溢出计算：对 short int 型数据 32767 进行加 1、加 2 的运算，使数值超出 32767 后输出。

```
#include <stdio.h>
int main()
{   short int n=32767,sum1,sum2;
    sum1=n+1;sum2=n+2;
    printf("%hd+1=%hd\n",n,sum1);
    printf("%hd+2=%hd\n",n,sum2);
    return 0;
}
```

程序运行程序：

```
32767+1=-32768
32767+2=-32767
```

说明：满则溢，观察图 2-5 中显示的计算结果，可以发现一个很有趣的现象，计算结果组成的图像感觉像时钟，当到达数字 12 后，又从 0 开始循环下去。short int 型数据的取值范围是 -32768~32767，当数据达到最大值后，如果继续加 1，则数据回归最小值-32768。

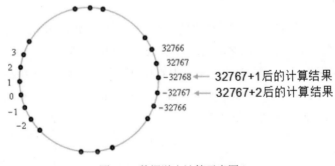

图 2-5　数据溢出计算示意图

思考：请自行分析例 2-3 中 short int 型，计算结果 32767+1=-32768。

【例 2-4】 数据溢出计算：对 short int 型数据 32767 进行加 10 的运算。

```
#include <stdio.h>
```

```
int main()
{   short int x=32767;
    printf("x=%hd x=%d x=%u",x+10,x+10,x+10);
    return 0;
}
```

程序运行程序：

x= -32759   x=32777   x=32777

说明：例 2-4 中 2 字节的短整型最大值为 32767，这时如果对其进行加 10 的运算，则数据超出范围会发生溢出，输出结果为-32759。在 Dev C++环境下，用整型%d 或无符号整型%u 格式控制输出结果，则会得到 32777。

2.2 常量

常量是指在程序运行过程中，其值不能被改变的量。在 C 语言中，常量可以根据不同的数据类型分为整型常量、实型常量、字符常量、符号常量、字符串常量。

2.2.1 整型常量

整型常量有以下 3 种表示形式。

(1) 十进制整数，如 12、-12l 或-12L、12345u。

整数的后缀，是指一个整型常量的尾部可以加字母 h 或 H，l 或 L，u 或 U，表示占用的字节数不同，以区分是整型、短整型、长整型、无符号整数等。例如，23L 是十进制的长整型常量，0x23L 是十六进制的长整型常量。例如，234U 是十进制无符号整型常量，023U 是八进制无符号整型常量。后缀 L 和 U 可以同时使用，例如 78LU，表示无符号长整型，并且 L 和 U 两种后缀的顺序任意。

(2) 八进制整数，以 0(零)开头，数码取值为 0~7，不可有 8 和 9，如 012、-012L。例如，0123 表示八进制数 123，其值为 $1\times 8^2+2\times 8^1+3\times 8^0=64+16+3=83$，即十进制的 83。

(3) 十六进制整数，以 0x 或 0X 开头(0x 中的 0 是数字零)，数码取值为 0~9、a~f 或 A~F，A~F 字母用于表示数字 10~15，如 0x12、0X12L、-0x45af。例如，0x2F 表示十六进制数 2F= $2\times 16^1+15\times 16^0=32+15=47$，即十进制的 47。

2.2.2 实型常量

实型常量有以下两种表示形式。

(1) 十进制小数形式，必须有小数点，如 123.45、2.0。

(2) 指数形式，指数符号 e 或 E 之前必须有数字，其后必须为整数，形式为 aEn，意为 $a\times 10^n$，其中 a 为十进制整数或小数，n 为十进制整数，如 2.45e-4、1.13E3、3.2e-4。例如，2.5e3 表示

$2.5×10^3$，-3.5e-2 表示$-3.5×10^{-2}$。

实型常量本身无单或双精度，其机内精度取决于赋给哪类变量，如给 float 型变量，则为 6~7 位有效数字；给 double 型变量，则为 16~17 位有效数字。

实型常量不能用八进制、十六进制表示。

【例2-5】实型数据不精确存储示例。

```c
#include <stdio.h>
int main()
{   float a,b;
    a=123456.789e5;
    b=a+20;
    printf("%f",b);
    return 0;
}
```

说明：本例理论值应为 12345678920，实际输出 12345678848.000000。

【例2-6】用不同格式控制符输出实型数据。

```c
#include <stdio.h>
int main()
{ float a=1.23;
    double b=4.56;
    printf("\na=%f",a);
    printf("\nb=%lf,b=%e",b,b);
    return 0;
}
```

程序运行结果：

```
a=1.230000
b=4.560000,b=4.560000e+000
```

【例2-7】用 C++中的 cout 输出实型数据。

```cpp
#include <iostream>        //注意头文件的不同
using namespace std;
int main()
{   float a=1.23;
    double b=4.56;
    long double c=3.26;
    cout<<"a="<<a<<endl;
    cout<<"b="<<b<<endl;
    cout<<"c="<<c<<endl;
    return 0;
}
```

程序运行结果：

a=1.23
b=4.56
c=3.26

2.2.3 字符常量、转义字符

字符常量是以单引号为定界符的单字符，如'A'、'!'。而如'abc'为错误的字符常量。

转义字符是以"\"开头，使其后的该字符序列具有不同于该字符序列单独出现时的语义。在编程中常用来表示不能直接显示的字符，如退格键'\b'、回车符'\n'等。常用的转义字符及其含义，如表 2-2 所示。

表 2-2 常用的转义字符及其含义

转义字符	含义	ASCII
\a	鸣铃(Alert)	7
\b	退格(Backspace)	8
\f	走纸换页(Formfeed)	12
\n	回车换行(Next/New line)，换到下行行首	10
\r	回车换行(Return)，换到本行行首	13
\t	水平制表，横向跳到下一个 Tab 位置，每 8 列为一个制表位	9
\v	垂直(Vertical)移动一个制表位	11
\\	反斜线符\	92
\'	单引号'	39
\"	双引号"	34
\?	问号?	63
\0	空字符 NULL	0
\ddd	1~3 位八进制 octal，如\123 表示 ASCII 值 83，对应字母 S	
\xhh	十六进制 hexadecimal,不限制字符个数，如'\x0000000F'=='\xF',\x41 表示 ASCII 值 65，对应字母 A	

【例 2-8】字符型可与整型互相通用。

```
#include <stdio.h>
int main()
{   char c1='a',c2='b';
    printf("%c   %c\n",c1,c2);
    printf("%c   %d\n",c1,c2);
    printf("%d   %c\n",c1,c2);
    printf("%d   %d\n",c1,c2);
```

```
        printf("%d    %c\n",c1-32,c2-32);
        printf("%%d    %c\n",97,98);/*连续两个%%输出%*/
        return 0;
}
```

程序运行结果，如图2-6所示。

说明：不管是int还是char类型，在内存单元中存入的都是数值(溢出时会自动截去)，输出时如要求为%d，则输出数值；如要求为%c，则输出字符。这就好比一个学生，他既有名字，又有学号，你可以按"名字"(字符)叫他，也可以按"学号"(数值)叫他。

图2-6　程序运行结果

【例2-9】转义字符示例。

```
#include <stdio.h>
#include <string.h>
int main()
{   printf("12345678901234567890123456789O\n");
    printf("a\nb\tc\bd\tef\t\x41\n");
    printf("%d",strlen("a\nb\tc\bd\tef\t\x41\n"));
    return 0;
}
```

程序运行结果，如图2-7所示。

图2-7　程序运行结果

注意：

每个转义字符相当于一个字符。strlen的值不包括字符串终止符'\0'。

2.2.4　符号常量

直接使用常数可能造成的影响是：程序的可读性变差；容易发生书写错误；当常数需要改变时，要修改所有引用它的代码，工作量大，还可能有遗漏。所以，使用符号常量是一种良好的编程风格。

将常量定义为一个标识符，称为符号常量，通常用大写表示。用#define定义符号常量的语法格式为：

```
#define 标识符 常量
```

例如：

```
#define PI 3.1415926
#define PRICE 30
```

在C语言中，define称为宏定义，#是预处理命令的开始标志。一旦定义了符号常量，当C编译程序对程序进行预处理时，在程序中所有使用这些符号常量的地方都会被该常量值取代。

2.2.5 字符串常量

字符串常量是由一对双引号括起来的字符序列，字符串中可以包含任意字符。例如，"Hello"、"你好"、"a b\n"、" "、"￥123.6"都是合法的字符串常量。

C语言中使用字符数组来存储字符串，字符串在计算机内存储时，会在字符串结尾处加一个'\0'(ASCII码为0)作为字符串的结束标志。这样，字符串常量所占的字节数等于字符串常量的字符总个数加1。例如，"Hello!"在内存中的存储形式，如图2-8所示的行1。

在C语言中要注意区分字符常量和字符串常量。例如，字符常量'A'是用单引号括起来的单个字符，在内存中只占一个字节，可表示为图2-8中的行2。字符串常量"A"是用双引号括起来的，在内存中占两个字节，可表示为图2-8中的行3。

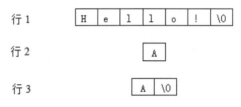

图2-8 字符常量和字符串常量存储示意图

2.3 变量

在C语言编程过程中，经常需要在程序中定义一些符号来标记一些名称，如变量名、符号常量名、函数名、参数名等，这些符号被称为标识符。变量是指在程序执行过程中其值可以改变的量。学习变量应了解变量名、变量值、变量类型、变量的存储地址、变量的存储属性。变量必须先定义才可使用。

2.3.1 C语言标识符

C语言标识符的命名规则为首字符只能为字母、下画线，后面可跟字母、数字、下画线，长度不超过32，不能与关键字(见第1章表1-1)同名，并且区分大小写。C语言标识符需注意以下几点。

(1) 标识符是由字母、下画线(_)和数字组成。
(2) 标识符以字母和下画线(_)开头，不能以数字开头。
(3) 标识符不能与关键字同名。
(4) 标识符区分大小写。如，X与x、sum和Sum是不同的标识符。
(5) 标识符中不能有空格。

变量名必须符合标识符命名规则。一般约定使用小写字母表示变量名，大写字母表示符号常量名，便于增加程序的可读性。

例如，以下是合法的标识符，可以作为变量名：

n, i2, str_len, g_iMax, month, _number, nes_id, _ese

以下是不合法标识符：

3d, my book,ye#, x>y, $25, int, if, typedef, printf, goto, open, ctype, nes-id, stud*

错误分析：

```
3d                  /* 错误，变量的第一个字母不能是数字 */
my book             /* 错误，变量不能有空格 */
ye#, x>y, $25, nes-id, stud*
/* 错误，变量名包含除字母、数字、下画线以外的其他字符 */
int, if, typedef, printf, goto open, ctype
/* 错误，变量不能是 C 语言的关键字，关键字不能独立作为变量名 */
```

2.3.2 变量的定义

变量必须先定义后才可使用，其目的是分配存储空间，决定存储方式和允许的操作方式。存放变量的内存空间中的首单元地址称为变量地址，存放的内容称为变量的值，如图2-9所示。

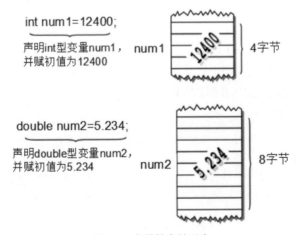

图 2-9 变量的存储示意

定义变量的语法格式：

数据类型名 变量名表;

例如，

```
int num;            /* 声明 num 为整型变量 */
int a,b,c;          /* 同时声明 a,b,c 为整型变量 */
float sum=0.0;      /* 声明单精度浮点型变量 sum，并初始化为 0.0 */
```

其中 int a,b,c;等价于下面 3 个语句：

```
int a;
int b;
int c;
```

声明变量有许多好处，比如：方便编译器找到错误的变量名，避免变量名打错（如数字 0 与英文字母 o、数字 1 与小写英文字母 l、数字 2 与英文字母 z 等），容易除错，增加程序的可读性，便于程序码的维护。

【例 2-10】变量的使用示例。

```
#include <stdio.h>
int main()
{   int num1=12400;         /*声明变量，并初始化变量值为 12400*/
    double num2=5.234;
    printf("num1=%d\n",num1);
    printf("num2=%f\n",num2);
    return 0;
}
```

2.3.3 变量的赋值

一个变量被定义后，它的值是不确定的。正确使用变量，不仅要考虑变量的类型，还需要初始化、赋初值。

C 编译器对静态局部变量和全局变量会自动赋给初值，如果是数值类型的静态局部变量和全局变量，编译器通常赋给初值 0；如果是字符类型的静态局部变量和全局变量，编译器通常赋给初值空字符，即 ASCII 码为 0 的值 NULL。

赋值表达式的语法格式：

<变量>=<表达式>

赋值运算符的作用就是将运算符"="右侧常量、变量或表达式的值赋给左侧的变量。左侧变量的值在程序运行过程中可以改变，如 int num=12400，如图 2-10 所示。

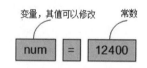

图 2-10 赋值表达式示意图

可以在变量声明的时候直接赋值初始化变量，如 int num=3；也可以先声明后赋值，例如：

```
int num1,num2;      /* 声明变量 */
char ch;
num1=2;             /* 将整数变量 num1 的值设为 2 */
num2=30;            /* 将整数变量 num2 的值设为 30 */
```

```
ch ='m';                /* 将字符变量 ch 的值设为'm' */
```

常用的基本数据类型的常量值有以下几种。

(1) char 字符，如 'A'、'2'、'&'、'\n'、'\x41'等。

(2) short 短整数、int 整数，如 12、-27、0x23 等。

(3) long 长整数，如-12L、124L 等。

(4) unsigned int 无符号整数，如 12345u 等。

(5) float 单精度浮点数、double 双精度浮点数，如 12.762、-37.483、1e3 等。

另外，一个语句可以有几个赋值运算符。

例如，b=(a=3+5)，a=b=c=d=3+5；结果 a、b、c、d 均为 8。

再如，c=3+(a=5)*6；结果 c 等于 33，a 等于 5。

注意：

int a=b=c=d=3+5 是错误的，除非 b,c,d 定义过，正确的写法是

```
int b, c, d, a=b=c=d=3+5;
```

2.4 运算符与表达式

C 语言的运算符主要包括算术运算符、关系运算符、逻辑运算符、位运算符、赋值运算符、条件运算符、逗号运算符、指针运算符、求字节数运算符和 4 种特殊运算符(括号()、下标[]、指针型结构成员运算符→与结构成员运算符)，以及强制类型转换运算符。下面对常用的运算符进行介绍说明。

2.4.1 算术运算符

算术运算符就是用来处理四则运算的符号，这是最简单、最常用的运算符号。算术运算符用于各类数值运算，包括加(+)、减(-)、乘(*)、除(/)、求余(或称模运算%)、正号(+)、负号(-)、自增(++)、自减(--)等。具体介绍如表 2-3 所示。

表 2-3 算术运算符

类型	运算符	运算功能	用法举例	结果
双目运算符	+	加	5+3.5	8.5
	−	减	5-3.5	1.5
	*	乘	3*4	12
	/	除	1/2	0
			1.0/2	0.5
	%	取模或求余	10%3	1

(续表)

类型	运算符	运算功能	用法举例	结果
单目运算符	+	正号	+3	3
	-	负号	a=9; -a	-9
	++	自增	a=2;b=++a a=2;b=a++	a=3;b=3 a=3;b=2
	--	自减	a=2;b=--a a=2;b=a--	a=1;b=1 a=1;b=2

注意：

两个整型数相除，其值也是整型数(相当于取整)。

应用： 求余(%)和除(/)组合可用于求某数中第 n 位数字，如求 34567 的第 3 位，可通过 34567/100%10 得到第 3 位数字为 5。

在使用算术表达式时，需要特别注意以下几点。

(1) 初学者在书写表达式时，经常会犯一些错误。如 a 与 b 相乘，在 C 语言中应写成 a*b，但初学者常习惯性地写为 ab。

(2) 求余运算(%)要求参加运算的两个操作数都必须为整型数据，其结果等于两个数相除后的余数。如 float x,y; x%y;是错误的。

【例 2-11】 14%(-4)=2   -14%(-4)=-2   20.4%2 (出错)

(3) 两个整数相除(/)的结果是整数。两个整数相除后的结果为商的整数部分，小数部分被舍弃，没有进行四舍五入操作。例如，5/2=2。

(4) 只要两个相除数中有一个操作数为实数，则结果为实数，相除结果为商本身。例如，5.0/2=2.5。

(5) 自增(++)和自减(--)运算符的操作数必须是变量，不能是常量和表达式。它们可以放在变量前，也可以放在变量后，功能都是对变量增(减)1。但从表达式的角度看，表达式的值是不同的。

如果运算符(++或--)放在操作数的前面，则是先进行自增或自减运算，再进行其他运算。反之，如果运算符放在操作数的后面，则是先进行其他运算再进行自增或自减运算。例如：

k=a++； 等价于 k=a; a=a+1; 如 a=5，则 k=5，a=6。

k=++a； 等价于 a=a+1; k=a; 如 a=5，则 k=6，a=6。

因自增和自减运算符的使用较为复杂，此处对其专门介绍。

2.4.2 自增和自减运算符

自增运算符++和自减运算符--的作用是把变量的值加 1 或减 1。这两个运算符既可以放在变量前面，也可以放在变量后面。如果放在变量前面，那么先把变量加 1 或减 1，然后再把变量用于其所在表达式中。如果放在变量后面，那么先把变量用在表达式中，然后再把变量加 1 或减 1。如果自加或自减运算符本身就单独构成一条语句，则放在变量前或变量后效果一样。

(1) 前置：变量先增值(或先减值)，后被引用。例如，

```
int i=5;
x=++i;      /* i 先加 1(增值)后，再赋给 x */
y=i;
```

运行结果：

x=6, i=6,y=6

又如，

```
int i=5;
++i;
x=y=i;
```

运行结果：

x=6, i=6,y=6

(2) 后置：变量先被引用，后再增值(或减值)。例如，

```
int i=5;
x=i++;      /* i 赋给 x，再加 1 */
y=i;
```

运行结果：

x=5, i=6,y=6

又如，

```
int i=5;
i++;
x=y=i;
```

运行结果：

x=6, i=6,y=6

【例 2-12】自增和自减运算符示例程序。

```
#include <stdio.h>
int main()
{   int a=100;
    printf(" %d",a);
    printf(" %d",++a);
```

```
    printf(" %d",a++);
    printf(" %d\n",a);
    return 0;
}
```

程序运行结果：

100 101 101 102

注意：
运算对象只能是整型变量，如 5++或 (x+y)++是错误的。

【例 2-13】若 int x=3,y;，那么 y=x++-1、y=++x-1 和 y=x--+1 中值(x,y)分别是什么？
结果：

4，2   4，3   2，4

分析： 先对右边的表达式进行扫描，如果是 x++，则先取 x 值完成表达式运算后再自加，如果是++x，则先将 x 自加后再进行表达式的其他运算。

【例 2-14】若语句开始执行时变量 y 和 x 的值都是 5，确定下列语句执行后的各变量值。
(1) 执行 y*=x++;后，变量 y=25,x=6。
(2) 执行 y=++x+x;后，变量 y=12,x=6。

2.4.3 关系运算符

关系运算符用于比较运算，包括大于(>)、小于(<)、等于(==)、大于等于(>=)、小于等于(<=)和不等于(!=)共 6 种。

关系表达式是指含有关系运算符的表达式。关系表达式的值只能是真(1)或假(0)。关系表达式的值如果为非 0 数，则视为"真"，为 0 则视为"假"。

比较运算符在使用时需要注意的问题如下。
(1) 不能将比较运算符"=="误写成赋值运算符"="。
(2) a≤x≤b 之类算式的正确写法是：a<=x && x<=b(错误写法：a<=x<=b)。
若 x=1000，则 printf("%d",2<x<3)的结果是什么?(不管 x 为何值，结果恒为 1)。
讨论：if (1<x<2)的条件恒为真。

【例 2-15】写出以下程序运行结果。

```
#include <stdio.h>
int main()
{   int m=5;
    if (m++>5) printf("m>5");
    else
    {   printf("m=%d,",m--);
        printf("m=%d",m--);
```

}
       return 0;
}

程序运行结果：

m=6,m=5

讨论：当(++m>5)时--m 的结果。

2.4.4 逻辑运算符

逻辑运算符用于逻辑运算，包括与(&&)、或(||)、非(!)共 3 种。

例如，printf("%d", !3+5);结果为 5；printf("%d", !0+5);结果为 6。

运算优先级从高到低依次是逻辑非!>逻辑与&&>逻辑或||。如 a && b || b && c 解释为(a && b) || (b && c)。逻辑运算符的任一端如果为非 0 数，则视为"真"，为 0 则视为"假"。在逻辑表达式的求解中，并不是所有的逻辑运算符都会被执行。在&&和||的左边如果能判断出结果，则右边不再作运算。

注意：

!优先于关系运算符，与++、--同级。

【例 2-16】写出以下程序运行结果。

```
#include <stdio.h>
int main()
{   int a=1,b=2,m=2,n=2;
    (m=a>b)&&++n;
    printf("%d\n",n);
    return 0;
}
```

程序运行结果：

2

【例 2-17】写出以下程序运行结果。

```
#include <stdio.h>
int main()
{   int a,b,c;
    a=b=c=1;
    ++a||++b&&++c;
    printf("a=%d,b=%d,c=%d\n",a,b,c);
    return 0;
}
```

程序运行结果：

a=2,b=1,c=1

在用关系运算符和逻辑运算符时，应注意以下几个问题。

(1) 注意 C 语言规定与习惯用法之间的差别。

例如，1≤x≤10 的正确写法是：1<=x && x<=10(错误写法：1<=x<=10)。

(2) C 语言在处理逻辑表达式时，采用"不完全计算"方法。

① 如果使用&&进行运算，当左边为假时，右边的表达式不会进行运算，该表达式的值肯定为假。因此逻辑与"&&"也称为短路与或简洁与。

例如，对于表达式 a&&b，只要 a 为假，则 C 编译器不再去计算 b 的值，该表达式的值即为假。

② 当运算符||的左边为真时，右边的表达式不会进行运算，该表达式的值肯定为真。

2.4.5 赋值运算符

赋值表达式的语法格式：

<变量>=<表达式>

赋值运算符的作用就是将运算符"="右侧常量、变量或表达式的值赋给左侧的变量。前面变量的赋值中介绍过赋值表达式的用法，这里主要介绍复合赋值运算。赋值运算符"="和其他运算符组合产生了复合赋值运算符，或称扩展赋值运算符。赋值运算符分为简单赋值(=)、复合算术赋值(+=、-=、*=、/=、%=)和复合位运算赋值(&=、|=、^=、>>=、<<=)。表 2-4 列出了 C 语言的赋值运算符。

表 2-4 C 语言的赋值运算符

运算符	赋值表达式	运算	用法举例	结果
赋值(=)	a=3	a=3	a=3;b=2;	a=3;b=2;
加赋值(+=)	a+=b	a=a+b	a=3;b=2;a+=b;	a=5;b=2;
减赋值(-=)	a-=b	a=a-b	a=3;b=2;a-=b;	a=1;b=2;
乘赋值(*=)	a*=b	a=a*b	a=3;b=2;a*=b;	a=6;b=2;
除赋值(/=)	a/=b	a=a/b	a=3;b=2;a/=b;	a=1;b=2;
取余赋值(%=)	a%=b	a=a%b	a=3;b=2;a%=b;	a=1;b=2;

注意其结合方向为自右向左。例如，c=b*=a+3，按自右向左原则，相当于①a+3；②b=b*(a+3)；③c=b。

编译带有自反运算符的表达式(如 c+=3)，比编译等价的展开的表达式(如 c=c+3)快。因为第一个表达式中的 c 只被分析一次，而第二个表达式中的 c 被分析了两次。

【例2-18】设 i、j 初值分别为 3 和 4，则执行 j+=i-=1;后，i、j 的值为多少？

答案：i=2，j=6

分析：从右到左，先做 i=i-1=3-1=2，再做 j=j+i=4+2=6。

【例2-19】若 x=7;则执行 x+=x-=x+x 后，x 的值是多少？

答案：x=-14

分析：从右到左，先做 x=x-(x+x)=-7，再做 x=x+x=-14。

在赋值运算符的使用中，需要注意以下几个问题。

(1) 赋值运算符左侧只能是变量，不能是常量或表达式。例如，5++，(x+y)++之类都是错误的。

(2) 除了"="，其他的都是复合赋值运算符，以"+="为例，x += 3 就相当于 x = x + 3，首先会进行加法运算 x+3，再将运算结果赋值给变量 x。-=、*=、/=、%=赋值运算符都可依此类推。例如，a+=5 等价于 a=a+5，a*=b+c 等价于 a=a*(b+c)。

(3) 在 C 语言中可以通过一条赋值语句对多个变量进行赋值。例如，a+=a-=b+3 等价于 a=a+(a=a-(b+3));。再如，

```
int x,y,z;          //先定义变量 x,y,z
x=y=z=5;            //同时给变量 x,y,z 赋值
```

而下面的写法是错误的：

```
int x=y=z=5;        //此时 y,z 未定义引起错误
```

2.4.6 条件运算符

条件运算符?:是一个三元运算符，即需连接 3 个运算量，其一般形式为：

```
e1?e2:e3
```

其中，e1 为条件表达式，e2、e3 为任意类型表达式。

功能：如果 e1≠0(为真)，运算结果为 e2 的值；如果 e1=0(为假)，则取 e3 的值。

【例2-20】输入 x 的值，求下列符号函数的 y 值。

$$y=\begin{cases}1, & x>0\\ 0, & x=0\\ -1, & x<0\end{cases}$$

程序代码如下：

```
#include <stdio.h>
int main()
{   int x,y;
    printf("x=");
    scanf("%d",&x);
```

```
        y=x>0?1:x<0?-1:0;              /*结合方向：由右向左*/
        printf("x=%d,y=%d\n",x,y);
        return 0;
}
```

2.4.7 逗号运算符

C 语言中逗号可作分隔符使用，将若干变量隔开，如 int a,b,c;，又如 printf("%d%d%d",a,b,c); 也可作运算符使用，将若干独立的表达式隔开，并依次计算各表达式的值。其一般形式：

表达式 1, 表达式 2, …, 表达式 n

逗号表达式的求解过程：先求表达式 1 的值，再求表达式 2 的值，……，最后求表达式 n 的值。整个逗号表达式结果的值是最后一个表达式 n 的值。

在 C 语言所有运算符中，逗号表达式的优先级最低。

【例 2-21】写出以下程序运行的结果。

```
#include <stdio.h>
int main()
{   int a,b,x;
    x=(a=8,b=15,b++,a+b);
    printf("a=%d,b=%d,x=%d\n",a,b,x);
    return 0;
}
```

程序运行结果：

a=8,b=16,x=24

2.4.8 位运算符

位运算符是针对二进制数的每一位进行运算的符号，它是专门针对数字 0 和 1 进行操作的。对于位操作运算符，参与运算的量要按二进制位进行运算，包括位与(&)、位或(|)、位非(~)、位异或(^)、左移(<<)、右移(>>)共 6 种。C 语言提供的 6 种位运算符，可以在位的级别处理数据，如表 2-5 所示。

表 2-5 C 语言的位运算符

运算符	作用	范例	结果
~	按位取反	~0	1
		~1	0
<<	左移	00000010<<2	00001000
		10010011<<2	01001100

(续表)

运算符	作用	范例	结果
>>	右移	01100010>>2	00011000
		11100010>>2	11111000
&	按位与	0&0	0
		0&1	0
		1&0	0
		1&1	1
^	按位异或	0^0	0
		0^1	1
		1^0	1
		1^1	0
|	按位或	0|0	0
		0|1	1
		1|0	1
		1|1	1

(1) 按位与运算符(&)：功能是将参与运算的两数各对应的二进位相与。只有对应的两个二进位均为 1 时，结果位才为 1，否则为 0。

(2) 按位或运算符(|)：功能是将参与运算的两数各对应的二进位相或。只要对应的两个二进位有一个为 1 时，结果位就为 1；两个位都为 0 时，结果位为 0。

(3) 按位异或运算符(^)：功能是将参与运算的两数各对应的二进位相异或。当两对应的二进位不相等时，结果为 1，否则为 0。

(4) 按位取反运算符(~)：功能是对参与运算的数的各二进位按位求反。即置 0 为 1，或置 1 为 0。

(5) 左移运算(<<)：功能是把"<<"左边的运算数的各二进位全部左移若干位，由"<<"右边的数指定移动的位数，高位丢弃，低位补 0。其表达式的形式是：

操作数<<移位次数

每左移 1 位相当于乘以 2，每左移 n 位相当于乘以 2 的 n 次幂。

(6) 右移运算(>>)：功能是把">>"左边的运算数的各二进位全部右移若干位，">>"右边的数指定移动的位数。其表达式的形式是：

操作数>>移位次数

每右移 1 位相当于除以 2，每右移 n 位相当于除以 2 的 n 次幂。

需要说明的是，对于有符号数，在右移时，符号位将随同移动。当为正数时，最高位补 0，而为负数时，符号位为1，最高位是补0还是补1，取决于编译系统的规定。

(7) 位运算赋值运算符：即>>=,<<=,&=,∧=,|=。位运算符和赋值运算符可以组合为位运算赋值运算符。例如，a>>=2 相当于 a=a>>2，b|=c 相当于 b=b|c。

(8) 不同类型数据的混合位运算：如果进行位运算的两个运算对象的类型不同，如 long int 型与 int 型(或 char 型)进行位运算，系统会先将两个运算对象右端对齐。如果是正数或无符号数，则高位补0，如果是负数，则高位补1。

【例2-22】设 x=0x55(01010101)，y=0x5a(01011010)，则下列位逻辑和位移动的计算结果分别是多少？

(1) 按位与 x&y；   (2) 按位或 x|y；   (3) 按位异或 x^y；
(4) 按位反~x；   (5) 右移位 x>>4；   (6) 左移位 x<<2。

```
#include <stdio.h>
int main()
{   int x=0x55,y=0x5a;
    printf("%x   ",x&y);
    printf("%x   ",x|y);
    printf("%x   ",x^y);
    printf("%x   ",~x);
    printf("%x   ",x>>4);
    printf("%x   ",x<<2);
    return 0;
}
```

程序运行结果：

50   5f   f   ffffffaa   5   154

参考答案：

(1) 01010000 (0x50)   (2) 01011111 (0x5f)   (3) 00001111 (0x0f)
(4) 10101010 (0xaa)   (5) 00000101 (0x05)   (6) 0101010100 (0x154)

课堂练习： 设定 a=6，b=11，计算：

(1) 按位与 6&11；   (2) 按位或 6|11；   (3) 按位异或 6^11；
(4) 按位反~6；   (5) 右移位 11>>1；   (6) 左移位 11<<1。

参考答案：

(1) 2   (2) 15   (3) 13   (4) -7   (5) 5   (6) 22

2.4.9 求字节数运算符

求字节数运算符 sizeof 是一个单目运算符，返回运算对象数据类型或变量所占内存空间的字节数。它的运算对象可以是变量、常量或数据类型。它有以下3种格式。

- sizeof(数据类型说明符)
- sizeof(变量名)

- sizeof(常量)

通过 sizeof 运算符,可以了解不同编译程序中为不同类型的数据所分配的内存字节数,常用于确定数组或结构体的长度,也用于动态分配内存空间。例如:定义 double dx;,则 sizeof(dx)=8,sizeof(double)=8。

2.4.10 各类型数值数据的混合运算

C 语言允许整型、浮点型和字符型数据混合运算。例如表达式 1.5-A+25%B 是合法的,表达式中 A 和 B 是使用它们的 ASCII 码值进行运算的,相当于 1.5-65+25%66。

在对一些比较复杂的表达式进行运算时,要明确表达式中所有运算符参与运算的先后顺序,把这种顺序称作运算符的优先级。

1. C 运算符的优先级和结合性

C 语言的运算符主要用于构成表达式,C 语言规定了运算符的优先级和结合性,合理使用优先级可以地极大简化表达式。在表达式求值时,先按运算符的优先级别的高低次序执行。如果在一个运算对象两侧的运算符的优先级别相同,则按规定的结合方向处理。

常用运算符的优先级从高到低依次是!、++、-- >算术 >关系 >&& >|| >条件(?:)>赋值>逗号。后缀运算优先级高于前缀,因此,++i++应解释为++(i++)。

C 各类运算符的优先级别从高到低,如图 2-11 所示。

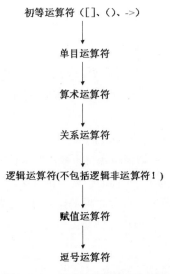

图 2-11 C 各类运算符的优先级别

运算符分级的几条原则如下。

(1) 单目运算符的优先级高于双目运算符,双目运算符优先级高于三目运算符。
(2) 在双目运算符中,算术运算符高于关系运算符,关系运算符高于逻辑运算符。
(3) 在位运算符中,移位运算符高于关系运算符,位逻辑运算符低于关系运算符。
(4) 圆括号运算符优先级最高,逗号运算符优先级最低,赋值运算符及复合赋值运算符的优先级仅高于逗号运算符。

2. 混合运算的数据类型转换规则

在 C 语言的算术表达式中，如果参加运算的两个操作数的数据类型相同，运算结果还是该类型。如果参加运算的两个操作数的数据类型不一致，系统将自动进行类型转换，使两个操作数的类型一致后再进行运算。自动转换的规则是低数据类型向高数据类型转换，转换规则如图 2-12 所示。不同类型数据的运算结果是两种类型中取值范围较大的数据类型。数据类型取值范围由大到小的顺序：long double > double > float > long >= int > short > char。

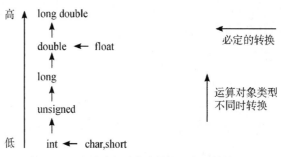

图 2-12　C 表达式与赋值中的自动类型转换

(1) 自动转换原则：图 2-12 中横向箭头表示必定进行的转换。

① 表达式中所有的 char 型与 short 型必须先自动转换为 int 型，然后再进行运算。

② 所有的浮点运算都是以双精度进行的。表达式中 float 类型自动转换为 double 型，即使是两个 float 型数据进行运算，也必须转换为 double 型，然后再进行运算，以提高运算精确度。

(2) "向高看齐"原则：图 2-12 中纵向的箭头表示不同类型数据进行混合运算时的转换方向。例如 int 型数据与 double 型数据进行混合运算，则先将 int 型数据转换为 double 型数据，然后进行运算。

混合运算的数据类型转换的常用规则如下：

(1) 如果是有符号整型变长，则数值位保持不变，符号位要进行扩展，即最高位为 0 时，前面扩展的位补 0；如果最高位为 1，则前面扩展的位补 1。

(2) 无符号整型变长，数值不变，前面扩展的位补 0。字符型可以看作单字节整型。

(3) 有符号整型与同级无符号整型相互转换，按补码规则。

(4) 实型化整型，自动取整。

(5) 将实数赋给整型变量，自动取整(int a=7.9999999 等效于 int a=7)。

(6) float 只要参加运算，均自动转为 double。如 sizeof(3.0+2)，结果为 8(双精度)。

(7) 两个整型数相除，其值也是整型数(取商之整数部分)。如 3/2 的值为 1 而非 1.5。

(8) 不同类型运算量参加运算，一般是将长度较短的运算量转换为长度较长的运算量，以保证不丢失信息。

(9) 强制类型转换是显式转换，例如：

- (int)3.5 的值是整型数 3。

- (double)i 将 i 转换成 double 型。
- (int)(x+y)将 x+y 转换成 int 型。
- (double)1/2(double)将整数 1 转换成 1.0(双精度)，1.0/2 值为 0.5。

【例 2-23】int a=7;float x=2.5,y=4.7;则表达式 x+a%3*(int)(x+y)%2/4 的值是什么？答案是 2.500000。

【例 2-24】int b=7;float a=2.5,c=4.7;则表达式 a+(int)(b/3*(int)(a+c)/2)%4 的值是什么？答案是 5.500000。

【例 2-25】将整型-1 转换为无符号整型数。

```
#include <stdio.h>
int main()
{   short int a=-1;
    printf("%hu",a);    /* %hu 短整型无符号，2 字节   */
    return 0;
}
```

程序运行结果：

65535

讨论：如果按八进制%o 和十六进制%x 的格式输出，则结果分别为 177777 和 ffff。请读者自行分析结果。

```
#include <stdio.h>
int main()
{ short int a=-1;
    printf("%u",a);    /* %u 整型无符号，4 字节   */
    return 0;
}
```

程序运行结果：

4294967295

2.5 常用数学函数

C 语言提供的每一个库函数都在对应的某个头文件中声明其函数原型，在使用某个库函数前都应在程序开始处包含相应的头文件，如数学函数的原型都在文件 math.h 中声明。文件包含可以用预处理命令#include 来实现。例如，要调用数学函数 abs(x)求整数 x 的绝对值，就应在程序开始位置使用如下预处理命令：

#include <math.h>

在包含了与某个库函数对应的头文件后，就可以在程序中调用该函数。C 语言函数调用的语法格式为：

函数名(实参列表);

常用数学函数有以下几类。

1. 三角函数 sin、cos、tan

三角函数的函数原型如下：

```
double sin(double x);
double cos(double x);
double tan(double x);
```

功能：函数 sin、cos、tan 用于计算正弦、余弦和正切值，这 3 个函数的参数都是代表弧度值的 double 型数据。

例如，求 sin30°的值要写成 sin(30*3.14/180)或 sin(3.14/6)。

2. 绝对值函数 abs、fabs、labs

绝对值函数的函数原型如下：

```
int abs(int x);
double fabs(double x);
long labs(long x);
```

功能：abs、fabs 和 labs 函数分别适用于求整数、浮点数和长整型数的绝对值，这 3 个函数返回参数 x 的绝对值。

例如，abs(-10)等于 10，fabs(-5.6)等于 5.6，labs(-9999)等于 9999。

3. 幂函数 exp 和 pow

幂函数的函数原型如下：

```
double exp(double x);
double pow(double x, double y);
```

功能：exp 函数返回以 e≈2.718 为底，参数 x 为幂的指数值，即 e 的 x 次幂；pow 函数返回 x 的 y 次幂。

例如，exp(2.0)等于 2.718*2.718≈7.389056，pow(2.0,3.0)等于 8.0。

4. 对数函数 log 和 log10

对数函数的函数原型如下：

```
double log(double x);
double log10(double x);
```

功能：log 函数返回以 e 为底，参数 x 的自然对数值 lnx；log10 函数返回以 10 为底，参数

x 的对数值 log10x。

例如，log(7.389056)等于 2.0，log10(100.0)等于 2.0。

5. 平方根函数 sqrt

平方根函数的函数原型如下：

```
double sqrt(double x);
```

功能：sqrt 函数返回参数 x 的平方根。

例如：sqrt(4.0)等于 2.0。

6. 随机函数 rand 和 srand

随机函数的函数原型如下：

```
int rand(void);
void srand(unsigned int seed);      /* 参数 seed 称为随机数种子*/
```

rand 和 srand 函数的原型在头文件 stdlib.h 中定义，使用时应在程序开头包含 stdlib.h 文件。

功能：rand 函数返回一个值在 0~RAND_MAX 之间的伪随机(pseudo random)整数，ANSI C 要求 RAND_MAX 至少为 32767。srand 函数用参数 seed 来设置一个伪随机数序列的开始点，以便调用 rand 函数时产生一个新的伪随机数序列。

【例 2-26】 设 x=15，编程求下列数学表达式的值 y。

$$y = \frac{\sqrt{\sin 15°}}{8 \lg 2\pi} + \left| e^{2.5} - x \right|$$

```
#include <stdio.h>
#include <math.h>
int main()
{   int x=15;
    double y;
    y=sqrt(sin(15*3.14/180))/8/log10(2*3.14)+fabs(exp(2.5)-x);
    printf("y=%f",y);
    return 0;
}
```

程序运行结果：

y=2.897181

【例 2-27】 随机函数的使用。利用随机函数，由计算机随机出题，为小学生设计简单的 10 以内整数加法计算题，并自动给出答题结果：回答对输出 ok，答错输出 error。

```
#include <stdio.h>
#include <stdlib.h>
```

```
#include <time.h>
int main()
{   int a,b,c;
    unsigned int seed;
    seed=(unsigned int)time(NULL);      /*设置随机数种子*/
    srand(seed);
    a=rand()%10;                        /*取值范围[0,9]之间的整数  */
    b=rand()%10;
    printf("%d+%d=",a,b);
    scanf("%d",&c);
    if (c==a+b)   printf("ok");
    else    printf("error");
    return 0;
}
```

2.6 格式化输入/输出函数

C 语言提供的字符输入/输出函数的原型在头文件 stdio.h 中声明，在使用时应在程序头部包含 stdio.h 文件，格式如下：

#include <stdio.h>

2.6.1 格式化输出函数

先看一个例子，利用 printf() 函数输出一个字符串。

【例 2-28】利用 printf()函数输出一个字符串，并在指定位置插入值。

```
#include <stdio.h>
#include <stdlib.h>
int main()
{   int num=2;
    printf("I have %d books.\n",num);
    system("pause");
    return 0;
}
```

程序运行结果：

I have 2 books.

格式输出函数 printf()的格式：

printf("格式字符", 输出项 1, 输出项 2, …, 输出项 n);

其中，格式字符介绍如下。
- %d：输出十进制整数。
- %x：以十六进制无符号形式输出整数。
- %o：以八进制无符号形式输出整数。
- %u：无符号。
- %f：输出小数形式浮点数，%f 表示输出 float 型，%lf 表示输出 double 型。
- %s：输出字符串。
- %c：输出单字符。

格式控制参数包括如下格式字符。
- -：左对齐输出。
- 0：数字前的空位填 0。
- m：输出域宽(长度，包括小数点)。如数据的位数小于 m，则左端补以空格；如大于 m，则按实际位数输出。
- n：输出精度(小数位数)。
- l 或 h：长度修正符，l 表示长整型及双精度，long 型宜用%ld，double 宜用%lf，h 表示短整型，如%hd、%hu、%hx。

【例 2-29】格式控制与定义的数据类型不一致，可能导致数据丢失。如，

```
#include <stdio.h>
int main()
{ long a=1234,b=32769;
   printf("a=%ld,a=%hd\n",a,a);
   printf("b=%ld,b=%hd\n",b,b);
   return 0;
}
```

程序运行结果：

```
a=1234,a=1234
b=32769,b=-32767
```

说明：long 型数据按%ld 格式输出，结果完全对应，输出正常。如果将 long 型数据按短整型%hd 格式输出，由于短整型最大数是 32767，导致数据溢出，输出错误结果-32767。

【例 2-30】格式输出中的数据宽度使用示例。

```
#include <stdio.h>
int main()
{ printf("|%-15s|%2.2f\n","ZHANG WEI",165.1256);
   printf("|%s|%012f\n","LI CHANG",234.45);
   return 0;
}
```

程序运行结果：

|ZHANG WEI |165.13| (注意：WEI 后面补了六个空格)
|LI CHANG|00234.450000| (注意：数字部分连小数点共 12 位)

【例 2-31】格式控制与定义的数据类型不一致，输出结果错误。

```
#include <stdio.h>
int main()
{ float y=1234.9999;
   printf("%hd",y);
   return 0;
}
```

程序运行结果：

0

本例中，无论实数 y 为何值，结果都是 0。

注意：

格式字符与对应输出项类型要一致，否则正确的运算结果不能得到正确显示。

【例 2-32】整数的不同进制格式输出示例。

```
#include <stdio.h>
#include <math.h>
int main()
{   int x=-12;
    if (x<0)
    {   x=-x;
        printf("-");
    }
    printf("%o\n",abs(x));
    return 0;
}
```

程序运行结果：

-14

【例 2-33】输出以下程序的运行结果。

```
#include <stdio.h>
int main()
{   short int i=-3;
    printf("%-8hu,%-5hd,%hx\n",i,i,i);
```

```
    return 0;
}
```

程序运行结果：

```
65533   ,  -3   ,  ffffd
```

格式输出函数的特殊使用说明：

(1) 在 printf 语句中，如果在%与 x 之间出现#号，则输出的十六进制数前带 0x；如果在%与 o 之间出现#号，则输入的八进制数前带 0，但在其他格式中#无效。

(2) 如果在%d 之类格式中插入*号，则输出项的第一项作为 m 使用。

【例 2-34】十六进制数和八进制整数格式输出中#号的使用示例。

```c
#include <stdio.h>
int main()
{   short int y=23456;
    printf("y=%8hx,y=%#8hx,y=%#8ho",y,y,y);
    return 0;
}
```

程序运行结果：

```
y=    5ba0,y=  0x5ba0,  y=   055640
```

说明：十进制数 23456，转换为十六进制为 5ba0，转换为八进制为 55640。例 2-34 中按宽度 8 输出，所以先输出 4 个空格，再输出 5ba0。如果格式中加#号，则加上进制标记，十六进制以 0x 开头，八进制以零开头。

【例 2-35】#号不是出现在格式输出符的%与 x 之间的示例。

```c
#include <stdio.h>
int main()
{   int i=3,x=15;
    printf("##%*x",i,x);   /* 相当于 printf("##%3d",i,x); */
    return 0;
}
```

程序运行结果：

```
##  f
```

说明：与例 2-34 对比，本例中的#号出现在格式输出符的%与 x 之前，则#号只是一个普通字符，原样输出#，不起格式控制作用。

2.6.2 格式化输入函数

格式化输入函数 scanf()的格式：

scanf("格式字符",&变量名1,&变量名2,…,&变量名n);

其中，格式控制参数有如下格式字符。
- &：地址运算符，用于获取变量在内存中的地址，如&a 表示变量 a 所占空间的首地址。
- *：抑制字符("虚读"，即读入数据后不送给任何变量)。

【例 2-36】 格式控制参数中%*格式字符的使用示例。

```
#include <stdio.h>
int main()
{   int i;
    float f;
    scanf("%3d%*4d%f",&i,&f);
    printf("i=%d,f=%f",i,f);
    return 0;
}
```

程序运行结果：

1234567890.1234567890✓
i=123,f=890.123474

注意：

对于 scanf("%d%d%f",&a,&b,&c);之类格式字符相接的语句，应注意数据项值分隔处如何识别：

(1) 变类型时自动识别。
(2) 按指定域宽自动分隔。
(3) 用分隔符号(空格键，Tab 键，Enter 键)。
(4) 用指定字符(如逗号等)分隔(用户输入时也必须按该字符分隔)。
(5) 注意没有精度规定。

为了便于使用，应尽量采用某种习惯的分隔格式。

使用格式化输入函数 scanf 应注意以下常见的问题。
(1) 输入地址列表问题：scanf 函数中的地址表是变量的地址，而不是变量名。
(2) 用%c 输入字符时，空格符、转义字符都会作为有效字符输入。
(3) 标准输入流中残留字符问题。

当连续使用多个 scanf 输入数据时，会发生数据残留问题。有以下两种解决方法。
(1) 在第二个 scanf 的格式控制字符串前加一个空格，以抵消上一行输入的回车。

```
scanf("%d",&i);
scanf(" %c",&c);
```

(2) 使用函数 fflush(stdin)来清除输入缓冲区的内容，使上一个 scanf 语句输入的内容对下一个 scanf 语句没有影响。

```
scanf("%d",&i);
fflush(stdin);
scanf("%c",&c);
```

2.6.3　C 程序常见的错误类型分析

　　一个合格的程序员必备的技能是有分析程序错误的能力。不论是初学者，还是经验丰富的程序员，编程过程都会遇到各种各样的问题，都会经历某些"黑暗"时刻，如找不到错误、调试不出结果。

　　如果编写的程序代码正确，运行时会提示没有错误(Error)和警告(Warning)。如图 2-13 所示是 Dev C++环境下编译成功的界面。若程序编译不成功，会提示有错误，界面如图 2-14 所示。Error 表示程序不正确，不能正常编译、链接或运行，必须要纠正。Warning 表示可能会发生错误(实际上未发生)或者代码不规范，但是程序能够正常运行，有的警告可以忽略，有的要引起注意。

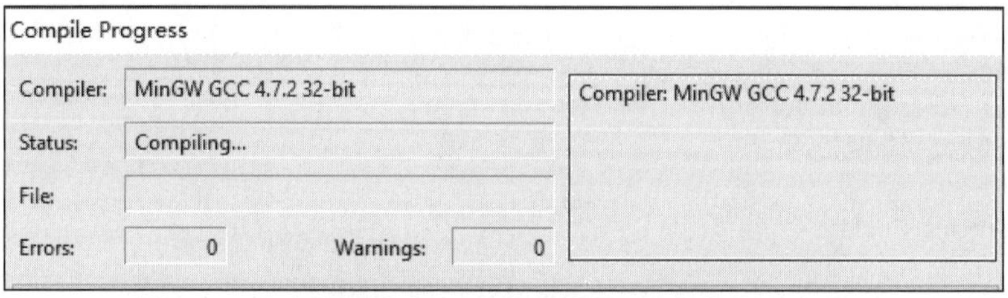

图 2-13　程序编译提示 0 个错误(Error)和 0 个警告(Warning)

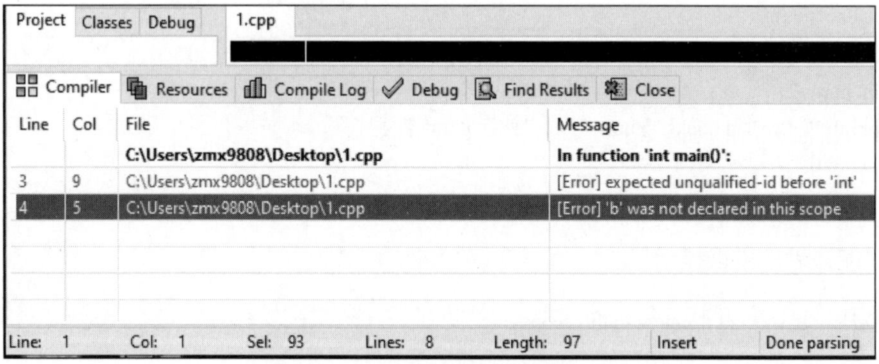

图 2-14　程序编译提示有错误(Error)

　　一段 C 语言代码，在编译、链接和运行的各个阶段都可能会出现问题。错误和警告可能发生在编译、链接、运行的任何时候。编译器只能检查编译和链接阶段出现的问题，而可执行程序已经脱离了编译器，运行阶段出现问题编译器是无能为力的。

　　程序错误一般分为语法错误(Syntax Error)和语义错误(Semantic Error)。

　　语法错误是指编码出现了违反 C 语言规则的错误，程序中含有不合语法的语句，它无法被编译程序翻译。如果是语法错误，一般在编译或者链接时会报错。以下举例说明一些常见的语法错误。

(1) 语句末尾丢失分号。

(2) 运算符%两侧的数据非整型。

(3) 关键字拼写错误，例如：小写错写成大写、格式输出函数 printf 被写成 ptintf。

(4) 语句格式错误，例如：for 语句中多写或者少写分号，将 for 中分隔表达式的分号误写成逗号，格式输出函数中的双引号不配对等。

(5) 表达式声明错误，例如：少了()。

(6) 函数类型说明错误，例如：与 main()函数中不一致。

(7) 函数形参类型声明错误，例如：少*等。

(8) 运算符书写错误，例如：/写成了\。

【例 2-37】语法错误示例 1：语句末尾少了分号。

```
#include <stdio.h>
int main()
{   int num=2;
    printf("I have %d books.",num)        /*此行末尾少了分号*/
    return 0;
}
```

程序编译后，错误提示：

[Error] expected ';' before 'return'

【例 2-38】语法错误示例 2：关键字 printf 被写成 ptintf。

```
#include <stdio.h>
int main()
{   int num=2;
    ptintf("I have %d books.",num);       /*此行 ptintf 错误*/
    return 0;
}
```

程序编译后，错误提示：

[Error] 'ptintf' was not declared in this scope。

【例 2-39】语法错误示例 3：格式输出函数中的双引号不配对。

```
#include <stdio.h>
int main()
{   int num=2;
    printf("I have %d books.,num);
    return 0;
}
```

程序编译后，出现多个错误提示，如图 2-15 所示。

```
Message
[Warning] missing terminating " character [enabled by default]
[Error] missing terminating " character
In function 'int main()':
[Error] expected primary-expression before 'return'
```

图 2-15　printf 语句中的双引号不配对引起的程序错误提示

【例 2-40】 语法错误示例 4：变量定义违反 C 语言规则。

```
#include <stdio.h>
int main()
{   int a,int b=2;      /*定义变量错误*/
    a=b;
    printf("a=%d",a);
    return 0;
}
```

程序编译后，出现多个错误提示：

```
[Error] expected unqualified-id before 'int'
[Error] 'b' was not declared in this scope
```

语义错误(又称逻辑错误)，是指程序语句及其成分使用时出现的含义方面的错误。程序代码完全符合 C 语言的规范，不会出现编译/链接的错误，编译可以通过，也可以运行，还可以得到结果。但是，若程序在逻辑上有错误，程序的执行结果则非我们所愿，或者说不符合实际。

语义错误和实现程序功能紧密相关，分为静态语义错误和动态语义错误。动态语义错误在程序运行时才可能出现，编译时编译器无法检测到动态语义错误，需要自己找出错误。

例如，计算表达式中包含 1/2，本想得到的结果是 0.5，但是由于数据类型设置不正确，输出结果为 0。程序正常运行，结果不是原先想得到的结果。

例如，循环体的{}位置不同，导致输出结果不是当初想得到的结果。

再如，字符串没有加结束符，导致字符串末尾输出乱码等。

【例 2-41】 非法的浮点数运算错误。

```
#include <stdio.h>
#include<math.h>
int main()
{   double a=5.0,b=4.0,c;
    c = sqrt(b-a);       /*出现负数开方，错误*/
    printf("%lf",c);
    return 0;
}
```

运行结果：

−1.#IND00

说明：IND 是 indeterminate 的缩写。IND 是由于任何未定义结果的非法的浮点数运算(如对负数开平方，对负数取对数等非法的运算)产生的运行结果。如果用 0 除一个浮点数时，也会得到-1.#INF00 或 1.#INF00，这其实隐含了浮点数操作的异常。浮点数运算时，计算结果超过了 double 类型所能表示的范围，运行结果报错。

【例 2-42】语义错误示例：程序运行正常，输出结果的语义不合理。

```
#include <stdio.h>
int main()
{   int num=-2;
    printf("I have %d books.",num);
    return 0;
}
```

运行结果：

I have -2 books.

2.6.4 提高 C 程序的可读性

程序的可读性高是一个程序员良好的编程习惯的体现。可读性高可以让程序员更好地理解冗长的代码，减少一些错误的发生，也更容易发现错误和修改错误。同时，可读性高的程序更容易得到维护与复用。

(1) 以 Dev C++编辑器为例，使用 Dev C++编辑器时，可以先配置"工具"菜单下"编辑器选项"的字体和背景颜色。建议字体用 Courier New，不要设置成斜体字。字号默认大小为 10 号，建议设置成 15 号左右。除修改编辑器的字体和字号大小外，还可以进行更精确的设置，如设置关键字颜色和空格字符的颜色等，也可以选择一个自己喜欢的背景颜色，或者通过更改预设的主题类型来改变编辑器的背景颜色。

(2) 选择有意义的函数名、变量名。比如，计算两个数值的相加可以用变量名 sum；统计个数则建议用 count。

(3) 要用缩进格式书写，大括号对齐，且在函数中注意用空行分隔各功能段代码。

(4) 适当添加程序注释，不仅有助于程序的阅读，也更容易发现错误和修改错误。切记不要嫌写注释麻烦，对于几十行的程序代码，或许没有注释，阅读起来并不困难，但如果今后写大型程序，代码行数成百上千，若没有注释，则阅读起来就非常困难。添加注释不仅要行注释，更要加块注释。

2.7 字符输入/输出函数

C 语言提供了专门输入/输出字符型数据的函数 getchar 和 putchar，函数的原型在头文件 stdio.h 中声明，在使用时在程序头部包含 stdio.h 文件，格式如下：

```
#include <stdio.h>
```

2.7.1 字符输出函数

putchar 函数功能是输出一个字符到显示器上。格式如下：

```
putchar(c);
```

其中，参数 c 可以是字符变量或常量，也可以是一个代表 ASCII 码的整数或表达式。

【例 2-43】写出以下程序运行结果。

```
#include <stdio.h>
int main(){
    char x='a';
    putchar(x);
    putchar('b');
    putchar(x+2);
    putchar('b'+2);
    return 0;
}
```

程序运行结果：

abcd

2.7.2 字符输入函数

字符输入函数有 getchar()、getche()和 getch()。其中，getchar()只接收一个从键盘上读入的字符，如果输入多个字符再按回车键，也只有第一个字符被 getchar 函数接收。getch()和 getche()这两个函数都是从键盘上读入一个字符。

getch()和 getche()两者的区别是：getch()函数不将读入的字符回显在显示屏幕上，常用于密码输入或菜单选择。而 getche()函数却将读入的字符回显到显示屏幕上。

getche()和 getch()包含在 conio.h 中，这两个函数输入后无须回车。

【例 2-44】字符输入函数 getchar 使用示例。

```
#include <stdio.h>
int main()
{   char a,b;
    a=getchar(),b=getchar();
    printf("a=%c,b=%c\n",a,b);
    return 0;
}
```

程序运行结果：

Student↙
a=S,b=t

2.8 习题

2.8.1 选择题

1. 下列字符序列中，不可用作 C 语言标识符的是(　　)。
   A. abc123　　　　B. no.1　　　　C. _123_　　　　D. _ok
2. 若有已定义 int x,y; float z;，则正确的赋值语句是(　　)。
   A. x=1,y=2,　　B. x=y=100;　　C. x++;　　　　D. x=int (z);
3. 设 x 为 int 型变量，则执行语句 x=10; x+=x;后，x 的值为(　　)。
   A. 10　　　　　B. 20　　　　　C. 40　　　　　D. 30
4. putchar 函数可以向终端输出一个(　　)。
   A. 整型变量表达式值　　　　　B. 字符串
   C. 实型变量值　　　　　　　　D. 字符或字符型变量值
5. 若有以下类型说明语句：char a; int b; float c; double d; 则表达式 a*b+d-c 的结果类型为(　　)。
   A. float　　　　B. char　　　　C. int　　　　　D. double
6. 以下选项中，正确的字符常量是(　　)。
   A. "F"　　　　　B. '\"　　　　　C. 'W'　　　　　D. 'AB'
7. 在 C 语言程序中，表达式 5%2 的结果是(　　)。
   A. 2.5　　　　　B. 2　　　　　　C. 1　　　　　　D. 3
8. 以下程序段的输出结果是(　　)。

   int a=12345; printf("%2d\n", a);

   A. 12345　　　　B. 34　　　　　C. 12　　　　　D. 提示出错、无结果
9. 下列运算符中优先级最高的是(　　)。
   A. <　　　　　　B. +　　　　　　C. &&　　　　　D. !=
10. 下列语句中符合 C 语言的赋值语句是(　　)。
    A. a=7+b+c=a+7;　　　　　　B. a=7+b++=a+7;
    C. a=7+b,b++,a+7　　　　　　D. a=7+b,c=a+7;
11. 判断 char 型变量 c1 是否为小写字母的正确表达式是(　　)。
    A. 'a'<=c1<='z'　　　　　　　　B. (c1>=a)&&(c1<=z)
    C. ('a'>=c1)||('z'<=c1)　　　　　D. (c1>='a')&&(c1<='z')
12. 设有如下的变量定义：int k=7,x=12;，则值为 3 的表达式是(　　)。
    A. x%=(k%=5)　　　　　　　B. x%=(k-k%5)

C. x%=k-k%5　　　　　　　　　　D. (x%=k)-(k%=5)

13. 设有如下定义 int x=10,y=3,z;，则语句 printf("%d\n",z=(x%y,x/y));的输出结果是(　　)。
    A. 1　　　　　　B. 0　　　　　　C. 4　　　　　　D. 3
14. 下列程序的输出结果是(　　)。

```
#include <stdio.h>
int main()
{   int   i=010,j=10,k=0x10;
    printf("%d,%d,%d\n",i,j,k);
    return 0;
}
```

    A. 8，10，16　　　　　　　　　B. 8，10，10
    C. 10，10，10　　　　　　　　 D. 10，10，16

2.8.2 填空题

1. 若 x 和 n 均是 int 型变量，且 x 和 n 的初值均为 5，则计算表达式 x+=n++后，x 的值为_____，n 的值为_____。
2. 若有定义：int b=7; float a=2.5,c=4.7;则以下表达式的值为_____。

```
a+(int)(b/3*(int)(a+c)/2)%4
```

3. 若 a 是 int 型变量，且 a=6，则计算表达式 a+=a-=a*a 后，a 的值为_____。
4. 假设所有变量均为整型，则表达式(a=2,b=5,a++,b++,a+b)的值为_____。
5. 判断 year 是闰年的条件表达式为_____。
① 能被 4 整除，但不能被 100 整除，如 2020 年。
② 能被 400 整除，如 2000 年。
6. 已知字母 a 的 ASCII 码为十进制的 97，下面程序输出的结果是：_____

```
#include <stdio.h>
int main()
{   char a='a';
    a++;
    printf("%d,%c\n",a+'2'-'0',a+'3'-'0');
    return 0;
}
```

7. 下面程序输出的结果是：_____

```
#include <stdio.h>
int main()
{   int a=4,b=7;
    printf("%d,",(a=a+1,b+a,b+1));
```

```
        printf("%d\n", a=a+1,b+a,b+1);
        return 0;
}
```

8. 下面程序输出的结果是：_____，如果 ch='a'，结果是_____。

```
#include <stdio.h>
int main()
{   char ch='6';
    int s=1;
    s=10*s+ch-'2';
    printf("Result is %d\n",s);
    return 0;
}
```

9. 以下不合法的常量是：_____。

(1) 0.0001   (2) 5x1.5   (3) 99999   (4) +100L   (5) 75.45e−2.5
(6) '\n'   (7) 1E3   (8) −1.79e+4   (9) '\156'   (10) "teacher"

10. 以下不合法的变量名是：_____。

(1) Minimum   (2) First.name (3) n1+n2   (4) &name
(5) doubles   (6) 3rd_row   (7) n$ (8) Row1
(9) float   (10) _name   (11) Row_total (12) a−b

11. 以下不合法的算术表达式是：_____。

(1) 25/3%2   (2) −14%3   (3) +9/4+5   (4) 15.25+ 5.0
(5) 7.5%3   (6) (5/3)*3+5%3 (7) 14%3+7%2   (8) 21%(int)4.5

2.8.3 求表达式的值

1. 当 a=5，b=10，c=−6 时，求以下表达式的值。

(1) a>b&&a<c   (2) a<b&&a>c
(3) a==c||b>a   (4) b>15&&c<0||a>0
(5) (a/2.0==0.0&&b/2.0!=0.0)||c<0.0

2. 设整型变量 i 的初值为 2，写出下面赋值表达式运算后 i 的值。

(1) i−=3   (2) i+=i
(3) i*=3+4   (4) i/=i+i
(5) i+=i−=i*=i   (6) i=i%2>0?1:0

3. 设原来 a=12，用 printf 函数输出下列表达式运算后 a 的值。

(1) a+=a   (2) a−=2   (3) a*=2+3
(4) a/=a+a   (5) a%=(n%=2),n 的值等于 5   (6) a+=a−=a*=a

2.8.4 编程题

1. 已知 x=15，编程求下列表达式的值 y，要求输出结果保留 3 位小数(参考答案 1.308)。

$$y=\sqrt{\left|\sin 45°+\frac{5}{8}\right|}+\frac{\ln x}{x\log_{10}x}$$

2. 已知 x=3.2，编程求下列表达式的值 y，要求程序中用 scanf 函数输入 x 值，输出结果保留 3 位小数(参考答案 0.325)。

$$y=\frac{\cos 3x+x^2-1}{\left|e^x-2\tan x+1\right|}$$

3. 编写程序，输入两个字符，利用条件运算符输出其中较小字符的 ASCII 码值。

第 3 章 结构化程序设计

C 语言中语句可以是以分号(;)结尾的简单语句,也可以是用一对花括号({})括起来的复合语句。C 语言是结构化程序设计语言,具备 3 种基本结构:顺序结构、选择结构和循环结构,实现这 3 种结构的控制语句有以下 9 种。本章还介绍了一些常用算法,如穷举法、归纳法等。

- if...else 条件语句
- for 循环语句
- while 循环语句
- do...while 循环语句
- continue 结束本次循环语句
- break 中止执行 switch 或循环语句
- switch 多分支选择语句
- goto 转向语句
- return 从函数返回语句

【学习目标】
1. 掌握 C 语句的种类、顺序结构程序的组成。
2. 掌握选择结构的基本句型格式及应用。
3. 掌握循环结构的 3 种语句格式及应用。
4. 掌握 break 与 continue 语句的作用。

【重点与难点】
循环结构中 for 语句的应用和循环嵌套语句。

3.1 顺序结构

顺序结构是最简单的程序结构,按照自上而下的顺序执行语句。顺序结构的流程图和 N-S 图如 3-1 所示。

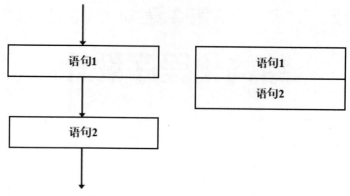

图 3-1　顺序结构的流程图和 N-S 图

【例 3-1】由键盘输入 a、b 的值,编写程序,借助变量 t,变换 a、b 中的值。

算法:两个变量值交换,要通过第三个中间变量。

```c
#include <stdio.h>
int main()
{   int a,b,t;
    printf("Input a,b=");
    scanf("%d,%d",&a,&b);
    t=a;
    a=b;
    b=t;
    printf("a=%d,b=%d\n",a,b);
    return 0;
}
```

【例 3-2】由键盘输入一个三位正整数,分别求出它的个位数、十位数、百位数并输出。

算法:C 语言中的除(/)若两边都为整数,则得到的结果也为整数,小数部分舍去;求余(%)运算符两边要求都为整数。利用上述知识点,将一个三位正整数 n 的各位数字分离的常用方法如下:

- 个位数 n1=n%10
- 十位数 n2=(n/10)%10
- 百位数 n3=(n/100)%10 或者 n3=n/100

```c
#include <stdio.h>
main()
{   int n,n1,n2,n3;
    printf("Input a positive integer(100-999): ");
    scanf("%d",&n);
    n1=n%10;
    n2=(n/10)%10;
    n3=n/100;
```

```
        printf("The three digits are: ");
        printf("%d,%d,%d\n",n3,n2,n1);
}
```

【例3-3】求 $ax^2+bx+c=0$ 方程的根。a、b、c 由键盘输入，设 $a\neq 0$ 且 $b^2-4ac\geq 0$。

算法：题目已经设 $a\neq 0$ 且 $b^2-4ac\geq 0$，则一元二次方程有两个实根：

$$x=\frac{-b\pm\sqrt{b^2-4ac}}{2a}$$

由于求根公式中需要用到求平方根函数 sqrt 函数，所以需在程序开头加上包含数学函数头文件 math.h 的命令。

```
#include <stdio.h>
#include <math.h>
int main()
{   float a,b,c,d,x1,x2;
    printf ("Input a,b,c: ");
    scanf ("%f,%f,%f",&a,&b,&c);
    d=b*b-4*a*c;
    x1=(-b+sqrt(d))/(2*a);
    x2=(-b-sqrt(d))/(2*a);
    printf ("\nx1=%.2f,x2=%.2f\n",x1,x2);
    return 0;
}
```

3.2 选择结构

选择结构通过判断某些特定条件是否满足来决定下一步的执行流程。是否执行或者选择哪条路径执行，又称为分支结构。常见的有单分支选择结构、双分支选择结构、多分支选择结构。实现这 3 种选择结构的控制语句有两种，即条件选择 if 语句和开关分支 switch 语句。

3.2.1 if 语句

if 语句有 3 种形式：单分支结构、双分支结构、多分支结构。

1. 单分支结构

单分支结构的一般形式：

```
if(表达式)语句;
```

功能：如果表达式的值为真(非 0)，则执行语句，否则不执行。其流程图如图 3-2 所示。

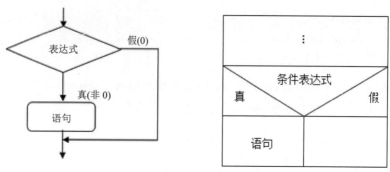

图 3-2　单分支选择结构的流程图和 N-S 图

说明：

(1) 语句可以是一条语句、复合语句或是内嵌 if 语句等，也可以是空语句。

(2) 表达式外的括号不能省略，表达式可以是任何类型，常用的是关系表达式或逻辑表达式。例如：

```
if(a==0)等价于 if(!a)       //如果 a 等于 0，则 a==0 和!a 的值均为真
if(a!=0)等价于 if(a)        //如果 a 不等于 0，a!=0 和 a 的值均为真
if(a==b)                    //如果 a 等于 b，a==b 的值为真
if(a>=1&&a<=3)              //如果 a 介于 1 和 3 之间，a>=1&&a<=3 的值为真
if(a=0)                     //注意和 if(a==0)的区别，=为赋值运算符，是将 0 赋值给变量 a，所以 a 的值被
                            //赋值为 0，即 if 条件表达式的值为 0。在 C 语言中，非零值为真，0 值即为假，
                            //所以 if(a=0)即为假，此条件下的语句不会被执行。
```

【例 3-4】 随机输入两个整数，按从小到大的顺序输出这两个数。

算法一： ①输入两个数 x 和 y；②如果 x 大于 y，将 x 和 y 进行交换，使最终 x 为较小的数，y 为较大的数；③输出 x,y。程序如下：

```c
#include <stdio.h>
int main()
{   int x,y,t;
    scanf("%d,%d",&x,&y);
    if(x>y)
    {   t=x;
        x=y;
        y=t;
    }       /*a、b 交换值*/
    printf("%d,%d\n",x,y);
    return 0;
}
```

算法二： ①输入两个数 x 和 y；②如果 x 小于等于 y，输出 x,y；③如果 x 大于 y，输出 y,x。算法二是利用两个单分支结构解决问题，程序如下：

```c
#include <stdio.h>
```

```
    int main()
    {   int x,y,t;
        scanf("%d,%d",&x,&y);
        if (x<=y)
              printf("%d,%d\n",x,y);
        if (x>y)
              printf("%d,%d\n",y,x);
        return 0;
    }
```

算法三：①输入两个数 x 和 y；②如果 x 小于等于 y，输出 x, y；③否则输出 y, x。算法三是利用 if 的双分支结构解决问题，下面对其进行介绍。

2．双分支结构

双分支结构的一般形式：

if(表达式)语句 1；
else 语句 2；

功能：如果表达式的值为真(非 0)，则执行语句 1，否则执行语句 2。其流程图如图 3-3 所示。

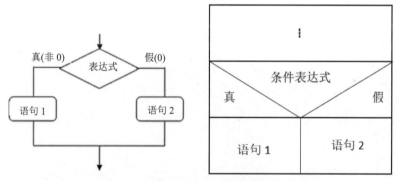

图 3-3　双分支选择结构的流程图和 N-S 图

说明：

(1) else 是 if 的子句，与 if 配对，不能单独出现，else 后不能加条件表达式。

(2) 条件运算符 e1?e2:e3 是 if…else 语句在特定情况下的变体。

例 3-4 中算法三的程序如下：

```
#include <stdio.h>
int main()
{   int x,y,t;
    scanf("%d,%d",&x,&y);
    if (x<=y)
          printf("%d,%d\n",x,y);
```

```
    else
        printf("%d,%d\n",y,x);
    return 0;
}
```

3. 多分支结构

多分支结构的一般形式：

if(表达式 1)语句 1;
else if(表达式 2)语句 2;
…
else if(表达式 n)语句 n;
[else 语句 n+1;]

功能：依次判断表达式的值，当出现某个值为真时，则执行其对应的语句，然后跳到整个 if 语句之外继续执行后续程序。如果所有的表达式均为假，则执行语句 n+1。

说明：可以没有 else 分支，此时如果所有分支的表达式值均为"假"，则不执行该 if 语句中的任何语句。

【**例 3-5**】求如下所示分段函数的 y 值。

$$y = \begin{cases} -1 & (x < 0) \\ 0 & (x = 0) \\ 1 & (x > 0) \end{cases}$$

程序如下：

```
#include <stdio.h>
int main()
{   int x,y;
    scanf("%d",&x);
    if(x<0)
        y=-1;
    else if(x==0)
        y=0;
    else
        y=1;
    printf("x=%d,y=%d\n",x,y);
    return 0;
}
```

4. if 语句的嵌套

一个 if 语句的 if 分支、else if 分支或 else 分支中又完整地包含另一个 if 语句，称为 if 语句的嵌套。

说明：在嵌套 if 语句中，else 与它前面最近的未配对的 if 配对。

【例 3-6】 若已定义 int a=1,b=2,c=3;，则输出下列程序段执行后的运行结果。

```
if(a>b)
    if(b<c)
        c++;
    else
        c--;
else
    c=5;
printf("%d",c);
```

程序运行结果：

5   /*第一个 else 与第二个 if 配套，第二个 else 与第一个 if 配套*/

【例 3-7】 若已定义 int a=1,b=2,c=3;，则输出下列程序段执行后的运行结果。

```
if(a>b)
    if(b<c)
        c++;
    else
        c=5;
printf("%d",c);
```

程序运行结果：

3   /*else 与第二个 if 配套*/

5. if 语句的程序举例

【例 3-8】 由键盘输入一个字符，如果该字符是小写字母则转换为大写字母，其他字符不变，最后输出。

算法：小写字母和大写字母间 ASCII 相差 32，故小写转大写字符 ASCII 减去 32，大写转小写字符 ASCII 加上 32。程序如下：

```c
#include <stdio.h>
int main()
{   char c;
    printf("Input :");
    scanf("%c",&c);
    if (c>='a'&& c<='z')
        c=c-32;
    printf("%c",c);
    return 0;
}
```

程序运行结果：

Input :a↙
A

讨论：if(c=a)什么时候为真？什么时候为假？
(解析：a=0 时为假，其余均为真)

【例 3-9】编程判断任一输入的年份是否为闰年。符合以下条件的年份为闰年：
(1) 能被 4 整除但不能被 100 整除。
(2) 能被 4 整除又能被 400 整除(只需考虑能被 400 整除的情况)。

```
#include <stdio.h>
int main()
{   int year;
    printf("Input year=");
    scanf("%d",&year);
    if ((year%4==0&&year%100!=0)||year%400==0)
        printf("\n%d is a leap year!",year);
    else
        printf("\n%d isn't a leap year!",year);
    return 0;
}
```

3.2.2 switch 语句

switch 语句是多分支选择结构的另一种形式，它根据表达式的不同取值来实现对分支的选择。

switch 语句的一般形式：

```
switch(e)
{   case c1:语句组 1;[break;]
    case c2:语句组 2;[break;]
    …
    case cn:语句组 n;[break;]
    [default:语句组 n+1;]
}
```

其中，e 代表表达式，可以是整型、字符型或枚举型表达式；c1～cn 代表常量或常量表达式，可以是整型常量、字符型常量、常量表达式(如 3+4)，不能是变量或函数。

执行 switch 语句，首先对 switch 后面括号内的表达式求值，然后依次在各个 case 分支中寻找与该表达式等值的常量表达式，一旦找到某个 case 分支的常量表达式与 switch 后面的表达式等值，则顺序执行该 case 分支及其后各分支内嵌的语句，直到出现 break 语句或 switch 语句结束为止；若所有 case 分支的常量表达式都没有与 switch 后面的表达式等值，则执行 default 分支内嵌的语句。

说明：

(1) switch 括号内的表达式语法上允许是任意类型的合法表达式，但常用的有整型、字符型或枚举类型表达式。

(2) 各个 case 分支的常量表达式的类型均要与 switch 后面表达式的类型一致。

(3) 各个 case 分支的常量表达式的值必须互不相同，否则会出现互相矛盾的现象。

(4) 各个分支均允许内嵌多个语句，而且可以不用花括号括起来。

(5) 各个分支内嵌的语句中可以有 break 语句，也可以没有。在执行某个 case 分支内嵌的语句时，如果遇到 break 语句，则退出 switch 语句；否则执行完该分支内嵌的语句后，自动转去执行后续分支内嵌的语句。

(6) 可以没有 default 分支，若 switch 语句后的表达式的值和各个 case 分支的常量表达式的值都不相等，则不执行该 switch 语句。

(7) default 分支不一定只放在最后，如果 default 分支不在最后，在执行完 default 分支后若没有遇到 break 语句，则继续执行后续分支内嵌的语句，直到出现 break 语句或者 switch 语句自然结束为止。

(8) 如果某个 case 分支的内嵌语句为空，则表示它与后续分支共用同一组内嵌语句。

【例 3-10】输入成绩等级，输出相应的百分制成绩段。

```
#include <stdio.h>
int main()
{   char s;
    scanf("%c",&s);
    switch(s)
    {
        case 'A': printf("85～100\n");break;
        case 'B': printf("70～84\n");break;
        case 'C': printf("60～69\n");break;
        case 'D': printf("<60\n");break;
        default : printf("错误输入\n");
    }
    return 0;
}
```

程序运行结果：

A✓
85～100

【例 3-11】分析下列程序的运行结果。

```
#include <stdio.h>
int main()
```

```
{   int n=5;
    switch(n--)
    {   case 6:  printf("%d ",n++); break;
        case 5:  printf("%d ",n);
        default: printf("%d ",n);
    }
    return 0;
}
```

程序运行结果:

4 4

讨论:因为 n-- 为后缀型,所以先计算 switch(n),n 的值为 5,则确定入口为 5,然后 n 马上自减变成 4,然后继续执行 case 5 后的语句,输出 4,因为没有遇到 break 语句,则继续往下执行,再一次输出 n 的值 4,程序结束。

【例 3-12】编写四则运算计算器。

算法:用户输入运算数和四则运算符,输出运算结果。当输入运算符不是 "+" "-" "*" "/" 时提示出错,当输入除数为 0 时也提示出错。

```
#include <stdio.h>
int main()
{   char op;
    float x,y;
    scanf("%f%c%f",&x,&op,&y);
    switch(op)
    {   case '+': printf("=%.2f\n",x+y);break;
        case '-': printf("=%.2f\n",x-y);break;
        case '*': printf("=%.2f\n",x*y);break;
        case '/':
            if(y==0)
                printf("Division by zero!");
            else
                printf("=%.2f\n",x/y);
            break;
        default: printf("Error!");
    }
    return 0;
}
```

程序运行结果:

3+4↙
=7.00

注意:

switch(op)语句中的 op 实际上并非真正的条件选择,而只是一种跳转指示(与 if 语句不同),表示下面应该跳转到什么位置继续执行。而各 case 实际上只是一个跳转处的标记。当程序跳转到某个 case 处时,并非只执行此 case 行的语句组,而是从此处开始一直向下执行各条语句,直到整个 switch 语句结束。

如果要使每个 case 处相当于一种 if (op) else 的效果,必须在其语句组最后加上 break 语句。

说明:

(1) 每个 case 常量表达式的值必须互不相同,否则会出现互相矛盾的结果。
(2) 允许多个 case 共用一个执行语句。

3.3 循环结构

循环是在循环条件为真时计算机反复执行的一组指令(循环体)。循环控制通常有以下两种方式。

(1) 计数控制:事先能够准确知道循环次数时使用。用专门的循环变量来计算循环的次数,循环变量的值在每次执行完循环体各语句后递增,达到预定循环次数时则终止循环,继续执行循环结构后的语句。

(2) 标记控制:在事先不知道准确的循环次数时使用。由专门的标记变量控制循环是否继续进行。当标记变量的值达到指定的标记值时,循环终止,继续执行循环结构后的语句。

C 语言中主要循环语句有 while、do…while 和 for。

3.3.1 while 语句循环结构

while 语句循环结构一般形式:

```
while (条件表达式) 语句;
```

用于构成当型循环:先判断后执行,先判断条件表达式的值是否为真,若为真(非 0)则执行循环语句,然后返回继续判断条件表达式的值是否为真,若为真则继续循环,当条件表达式的值为假(0)时结束循环。while 循环结构流程图如图 3-4 所示。

注意:

(1) 语句为循环体,可以是单个语句,也可以是复合语句。
(2) 条件表达式或循环体内应有改变条件使循环结束的语句,否则可能陷入"死循环"。

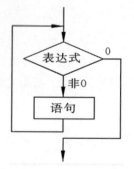

图 3-4 while 循环结构流程图

【例 3-13】求下列程序的运行结果。

```
#include <stdio.h>
int main()
{   int n=0;
    while (n<=2)
    {  n++;
       printf("%d",n);
    }
    return 0;
}
```

程序运行结果：

123

【例 3-14】求下列程序的运行结果。

```
#include <stdio.h>
int main()
{   int n=0;
    while (n++<=2);
    printf("%d",n);
    return 0;
}
```

程序运行结果：

4

讨论：注意 while 条件成立时的循环体为空语句(;)，当循环到 n=3 时，while 条件为假，结束循环，但比较后 n 自加了 1，所以 n=4。

【例 3-15】用 while 语句求 sum=1+2+3+…+100。

算法：

i=1 sum=1

```
i=2   sum=1+2
i=3   sum=1+2+3
i=4   sum=1+2+3+4
i=i+1  sum=sum + i
```

程序如下：

```c
#include <stdio.h>
int main()
{   int i,sum=0;
    i=1;
    while (i<=100)
        {   sum=sum+i;
            i++;
        }
    printf ("sum=%d\n",sum);
    return 0;
}
```

程序运行结果为：

sum=5050

讨论：变量 sum 的初值为 0，i 的初值为 1，循环结束条件是 i>100。语句 sum=sum+i;使变量 sum 在循环体中计算了 100 次，分别为 sum=0+1，sum=1+2，……，sum=4950+100。语句 i++;保证了变量 i 在每次循环后增加 1，以达到循环结束的目的。本程序共循环运行了 100 次，循环结束后变量 i 的值为 101。

3.3.2 do…while 语句循环结构

do…while 语句循环结构的一般形式：

```
do {
    语句
} while(条件表达式);
```

用于构成直到型循环：先执行后判断，先执行一次循环语句，然后判断条件表达式的值是否为真，若为真(非 0)则继续执行循环语句，直到条件表达式的值为假(0)时结束循环。do…while 循环结构流程图如图 3-5 所示。

注意：
do…while 循环至少要执行一次循环语句。

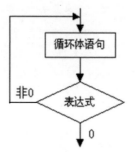

图 3-5 do…while 循环结构流程图

【例 3-16】用 do…while 语句求 sum=1+2+3+…+100。

```c
#include <stdio.h>
int main()
{   int i=1,sum=0;
    do
    {   sum=sum+i;
        i++;
    }while (i<=100);
    printf("sum=%d\n",sum);
    return 0;
}
```

程序运行结果：

```
sum=5050
```

【例 3-17】输入一个数，计算这个数的阶乘，用 do…while 语句实现。

算法：n！=1*2*3*…*n

```
i=1  p=1
i=2  p=1*2
i=3  p=1*2*3
i=4  p=1*2*3*4
i=i+1 p=p*i
```

程序如下：

```c
#include <stdio.h>
int main()
{   int i,n;   float p;
    printf("Input an integer:");
    scanf("%d",&n);
    i=1;p=1;
    do{   p*=i;
          i++;
    } while (i<=n);
```

```
    printf("n!=%.0f\n",p);
    return 0;
}
```

【例 3-18】 从键盘输入一个整数，如 123456，反序显示该数，即输出 654321。

```
#include <stdio.h>
int main()
{   long num;
    int c;
    printf("Input a integer:");
    scanf("%ld",&num);
    do { c=num%10;            /*取得 num 的个位数*/
         printf("%d",c);      /*输出 num 的个位数*/
    }while((num/=10)>0);      /*直到 num/10 为 0*/
    return 0;
}
```

程序运行结果：

Input a integer:123456✓
654321

讨论：如果 while(num/=10>0)，结果如何？结果是陷入无限循环，输出无数个 6。

原因：num/=10>0 中赋值号优先级最低，相当于 num=num/(10>0)即 num=num/1，其结果除了 num 输入 0 时(输出 0)外其余输入均为真，条件一直为真，会陷入无限循环。

3.3.3 for 语句循环结构

对于解决循环次数无法预先估计的情况，用 while 和 do…while 循环十分有效。在循环次数是预先知道的情况下，虽然也可以使用 while 和 do…while 循环解决，但是使用 for 语句来实现则更优。

for 语句循环结构的一般形式：

for (表达式 1；表达式 2；表达式 3)
　　语句；

for 语句循环结构的执行过程如下。

(1) 求解表达式 1。

(2) 求解表达式 2，若其值为真(非 0)，则执行 for 语句中指定的内嵌语句，然后执行下面第(3)步；若其值为假(0)，则结束循环，转到第(5)步。

(3) 求解表达式 3。

(4) 转回上面第(2)步继续执行。

(5) 循环结束，执行 for 语句下面的一个语句。

for 循环结构流程图如图 3-6 所示。

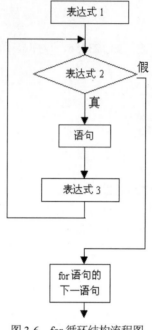

图 3-6 for 循环结构流程图

for 语句的形式也可理解成如下形式:

for(循环变量赋初值；循环条件；循环变量增量)
    语句;

说明:

(1) 表达式 1 通常来对循环变量赋初值，在整个循环中只执行 1 次。

(2) 表达式 2 是条件表达式，如果其值为真(非 0)，则继续执行循环语句(组)，否则结束循环。

(3) 表达式 3 常用于循环变量值的更新，每次循环语句组执行完后执行一次。

(4) "语句"是循环体语句，可以是单个语句，也可以是复合语句。

【例 3-19】以下程序中执行几次循环？

```
#include <stdio.h>
int main()
{   int i;
    for (i=2;i==0; )
        printf("%d",i++);
    return 0;
}
```

结果：0 次

讨论：若 i==2，输出结果为 2，循环执行 1 次。i 为其他值时，同 i==0，循环执行 0 次。

【例 3-20】 用 for 语句求 sum=1+2+3+4+…+99+100。

```c
#include <stdio.h>
int main()
{   int i,sum=0;
    for (i=1;i<=100;i++)
    sum=sum+i;
    printf("sum=%d\n",sum);
    return 0;
}
```

程序运行结果：

sum=5050

【例 3-21】 求 s=1!+2!+…+10!的值。

算法：每次循环先求出 i 的阶乘，然后再把阶乘加到 s 上，因为有的数的阶乘得到的结果非常大，会超出 int 型数据的范围，所以可以把存储阶乘和最终阶乘的和的变量定义为实型。程序如下：

```c
#include <stdio.h>
int main()
{   int i,n=10;
    float s,t;
    for (i=1,t=1,s=0; i<=n; i++)
    {   t*=i;
        s+=t;    /*累加 i!*/
    }
    printf ("s=%f\n",s);
    return 0;
}
```

3.3.4 跳转

C 程序的循环体内可以设定循环中断语句 break 语句提前结束循环，也可以设定结束循环体的本次操作提前进入下一次循环的 continue 语句。

1. break 语句

break 语句在 switch 结构中的作用是退出 switch 结构，在循环结构中的作用是结束循环，接着执行循环后面的语句。

【例 3-22】 求以下程序运行后 a 和 y 的值。

```c
#include <stdio.h>
int main()
```

```
{   int a,y;
    a=10,y=0;
    do
    {   a+=2;
        y+=a;
        if (y>50) break;
    }while (a=14);        /*每次循环到此，a 值都为 14*/
    printf("a=%d,y=%d\n",a,y);
    return 0;
}
```

程序运行结果：

a=16,y=60
continue

分析：

a=10   y=0
a=10+2   y=0+12
a=14+2   y=16+12=28
a=14+2   y=16+28=44
a=14+2   y=16+44=60

循环"短路"，会跳过循环体剩余的语句，但并不退出循环结构，而且强行执行下一循环。

例如：for (表达式 1；表达式 2；表达式 3)语句；，在 for 循环体中，遇到 continue 语句后，首先计算 for 语句中表达式 3 的值，然后再执行条件测试(表达式 2)，最后根据测试结果决定是否继续循环。

【例 3-23】求以下程序执行后 x 和 i 的值。

```
#include <stdio.h>
int main()
{   int i,x;
    for ( i=1,x=1;i<=50;i++)
    {   if (x>=10) break;
        if (x%2==1)
          { x+=5; continue; }
        x-=3;
    }
    printf("x=%d,i=%d",x,i);
    return 0;
}
```

程序运行结果：

x=10，i=6

分析：

i	x
1	1→6
2	6→3
3	3→8
4	8→5
5	5→10
6	

2. goto 跳转

goto 跳转，只能从循环内向外跳转。

【例 3-24】goto 跳转示例程序。

```
#include <stdio.h>
int main()
{   int i,k=0;
    for (i=1;   ;i++)
    {   k++;
        while (k<i*i)
        {   k++;
            if (k%3==0) goto loop; /* 可跳到循环体外任何处*/
        }
    }
    loop:printf("%d,%d",i,k);
    return 0;
}
```

程序运行结果：

2,3

3.4 常用算法

C 语言中有很多经典算法，例如穷举法、归纳法、回溯法、分治法等，掌握这些算法对我们解决问题有很大帮助。下面介绍两种常用的算法。

3.4.1 穷举法

穷举法是把所有可能的情况一一测试，筛选出符合条件的各种结果进行输出。

【例 3-25】百元买百鸡：用一百元钱买一百只鸡。已知公鸡 5 元/只，母鸡 3 元/只，小鸡 1 元/3 只，则可以买公鸡几只，母鸡几只，小鸡几只？

算法：

(1) 确定独立变量个数及取值范围，每个独立变量用一层循环实现"穷举"。

(2) 确定符合题意的条件表达式，即条件成立的方案，输出结果。

设公鸡为 x 只，母鸡为 y 只，小鸡为 z 只，则三个变量建立两个方程：

$$\begin{cases} x+y+z=100 \\ 5x+3y+z/3=100 \text{ 或 } 15x+9y+z=300 \end{cases}$$

程序如下：

```c
#include <stdio.h>
int main()
{   int x,y,z;
    for (x=0;x<=100;x++)
      for (y=0;y<=100;y++)
        for (z=0;z<=100;z++)
        {   if (x+y+z==100 && 15*x+9*y+z==300 )
              printf("x=%d,y=%d,z=%d\n",x,y,z);
        }
    return 0;
}
```

程序运行结果：

```
x=0,y=25,z=75
x=4,y=18,z=78
x=8,y=11,z=81
x=12,y=4,z=84
```

讨论：此为"最笨"之法，要进行 101×101×101＝1 030 301 次(100多万次)运算。此程序可以改进如下。

(1) 令 z=100-x-y，去掉第三层循环，改用两重循环完成，这样只进行 101×101＝10201 次运算，程序如下：

```c
#include <stdio.h>
int main()
{   int x,y,z;
    for (x=0;x<=100;x++)
      for (y=0;y<=100;y++)
      {   z=100-x-y;
          if (x+y+z==100 && 15*x+9*y+z==300 )
            printf("x=%d,y=%d,z=%d\n",x,y,z);
      }
    return 0;
}
```

(2) 进一步改进：百元买白鸡，100 元买公鸡最多不能超过 19 只，100 元买母鸡最多不超过 33 只，所以只取 x<=19, y<=33，这样只进行 20×34= 680 次运算。

```
#include <stdio.h>
int main()
{   int x,y,z;
    for (x=0;x<=19;x++)
    for (y=0;y<=33;y++)
    {   z=100-x-y;
        if (x+y+z==100 && 15*x+9*y+z==300 )
        printf("x=%d,y=%d,z=%d\n",x,y,z);
    }
    return 0;
}
```

【例 3-26】三位自方幂数又称水仙花数，用穷举法求出所有水仙花数。例如 $153=1^3+5^3+3^3$。

```
#include <stdio.h>
int main()
{   int i,j,k,m1,m2;
    printf ("narcissus numbers are: ");
    for (i=1; i<=9; i++)
    for (j=0; j<=9; j++)
    for (k=0; k<=9; k++)
    {
        m1=i*100+j*10+k;          /*m1 为 i、j、k 三个数字组成的三位数*/
        m2=i*i*i+j*j*j+k*k*k;     /*m2 为三个数字的立方和*/
        if(m1==m2)
            printf("%4d",m1);     /*输出满足水仙花条件的数*/
    }
    printf("\n");
    return 0;
}
```

【例 3-27】雨水淋湿了算术书的一道题，8 个数字只能看清 3 个，第一个数字虽然看不清，但可看出不是 1。编程求其余数字是什么？

$$[□*(□3+□)]^2 = 8□□9$$

分析：设分别用 A、B、C、D、E 变量表示自左到右五个未知的数字。其中 A 的取值范围为 2~9，其余取值范围为 0~9。条件表达式即为给定算式。

```
#include <stdio.h>
int main()
{   int A,B,C,D,E;
```

```
    for (A=2;A<=9;A++)
     for (B=0;B<=9;B++)
      for (C=0;C<=9;C++)
       for (D=0;D<=9;D++)
        for (E=0;E<=9;E++)
         if (A*(B*10+3+C)*A*(B*10+3+C)==8009+D*100+E*10)
            printf("%3d%3d%3d%3d%3d\n",A,B,C,D,E);
    return 0;
}
```

程序运行结果：

```
  3  2  8  6  4
```

【例 3-28】判断一个正整数是否为素数。

算法：如果 m 为素数，则 m 不能被 2～m-1 之间的任何数整除，条件也可优化为 2～m/2 或者 2～$\sqrt{m}$，可用 k 表示，只要 m 能被 2～k 中的一个数整除，就说明它不是素数，循环就终止，此时循环提前停止，循环变量 i<=k。若所有的数都不能被它整除，说明它是素数，这时循环进行到 i=k+1，正常结束。算法的结构流程图如图 3-7 所示。

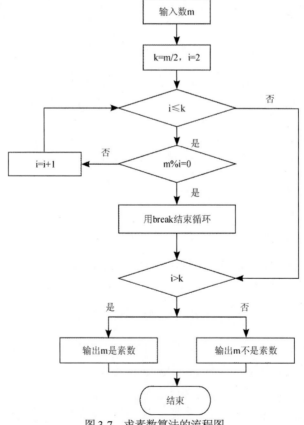

图 3-7　求素数算法的流程图

```
#include <stdio.h>
int main()
{   int m,i,k;
    printf ("Enter an integer:\n");
    scanf("%d",&m);
    k=m/2;
    for (i=2; i<=k; i++)
        if(m%i==0) break;
    if(i>k)
        printf ("%d is a prime number\n",m);
    else
        printf("%d is not a prime number\n",m);
    return 0;
}
```

3.4.2 归纳法

归纳法也叫递推法，通过分析归纳，找出从变量旧值出发求新值的规律。

【例3-29】求 $s = 1 - \dfrac{1}{2} + \dfrac{1}{3} - \dfrac{1}{4} + \dfrac{1}{5} - \cdots + \dfrac{1}{99} - \dfrac{1}{100}$。

本例表达式中正负符号相间出现的处理有以下 3 种方法。

方法 1：

```
#include <stdio.h>
int main()
{   int i;
    float s=0;
    for (i=1;i<=100;i++)
        if (i%2) s=s+1.0/i;
        else s=s-1.0/i;
    printf("s=%f\n",s);
    return 0;
}
```

程序运行结果：

s=0.688172

方法 2：

```
#include <stdio.h>
#include <math.h>
int main()
{   int i;
```

```
    float s=0;
    for (i=1;i<=100;i++)
        s=s+pow(-1, i+1)/i ;
    printf("s=%f\n",s);
    return 0;
}
```

方法3：

```
#include <stdio.h>
int main()
{   int i,k=1;
    float s=0;
    for (i=1;i<=100;i++)
       {  s=s+1.0*k/i;
           k=-k;
       }
    printf("s=%f\n",s);
    return 0;
}
```

【例3-30】根据用户输入的 n 和 x 的值，求前 n 项之和 s 的值。

$$S = -\frac{x}{1!} + \frac{x^2}{2!} - \frac{x^3}{3!} + \frac{x^4}{4!} - \cdots + \frac{x^n}{n!}$$

算法：多项式的每一项等于前一项乘以(-x/i)(当前为第 i 项)。

```
#include <stdio.h>
int main()
{   int n,i;
    float x,s=0,p=1;
    printf("x,n=");
    scanf("%f,%d",&x,&n);
    for(i=1;i<=n;i++)
      {  p=p*(-x/i);
         s=s+ p;
      }
    printf("s=%.3f",s);
    return 0;
}
```

【例 3-31】兔子繁殖问题(斐波那契数列问题)。著名意大利数学家斐波那契(Fibonacci)于1202年提出一个有趣的问题。某人想知道一年内一对兔子可以生几对兔子？他筑了一道围墙，把一对大兔关在其中。已知每对大兔每个月可以生一对小兔，而每对小兔出生后第三个月即可成为"大兔"再生小兔。问一对兔子一年能繁殖几对小兔？

分析见表3-1。

表3-1 兔子繁殖问题分析

开始	▲▲	新增对数
1月	▲▲ △△	1
2月	▲▲ △△ △△	1
3月	▲▲ ▲▲ △△ △△ △△	2
4月	▲▲ ▲▲ ▲▲ △△ △△ △△ △△	3
5月	▲▲ ▲▲ ▲▲ ▲▲ ▲▲ △△ △△ △△ △△ △△	5
……	▲▲ ▲▲ ▲▲ ▲▲ ▲▲ ▲▲ ▲▲ ▲▲ △△ △△ △△ … △△	8

注：▲表示大兔，△表示小兔

由表 3-1 分析可以推出，每月新增兔子数 Fn={1,1,2,3,5,8,13,21,34,…}，这就是斐波那契数列：第 1 和第 2 两项为 1，第 3 项开始每项等于前两项之和。

由此可以得到递推公式如下：

$x_1=1$　　(n=1)
$x_2=1$　　(n=2)
$x_n=x_{n-1}+x_{n-2}$　　(n≥3)

则求前 12 项(一年)斐波那契数列的和的程序如下：

```
#include <stdio.h>
int main()
{   int f1=1,f2=1,f=2,i,s=2;
    for (i=3;i<=12;i++)
    {   s=s+f;
        f1=f2;
        f2=f;
        f=f1+f2;
    }
    printf("%d",s);
    return 0;
}
```

程序运行结果：

376

【例 3-32】编程显示以下图形(共 N 行，N 由键盘输入)。

```
        *
       ***
      *****
     *******
    *********
```

此类题目分析的要点是：通过分析，找出每行空格、*与行号 i、列号 j 及总行数 N 的关系。其循环结构可以用图 3-8 表示。

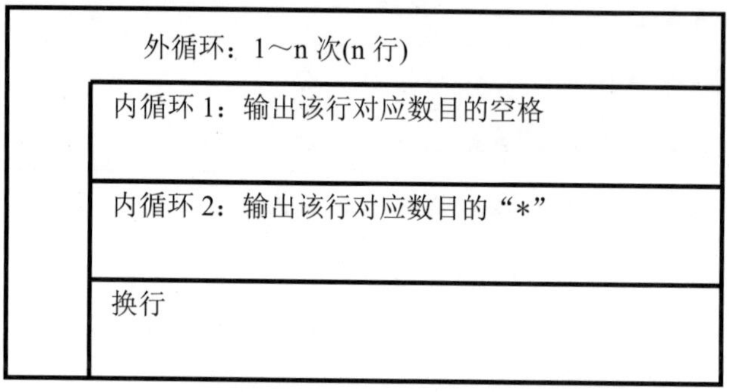

外循环：1～n 次(n 行)
内循环 1：输出该行对应数目的空格
内循环 2：输出该行对应数目的"*"
换行

图 3-8 打印图案的 N-S 流程图

分析：(设 N=5)

	i	k	j
第 1 行		4 个空格	1 个*
第 2 行		3 个空格	3 个*
第 3 行		2 个空格	5 个*
第 4 行		1 个空格	7 个*
第 5 行		0 个空格	9 个*

由此归纳出：第 i 行的空格数 n-i 个；第 i 行的*数是 2i-1 个。

```c
#include <stdio.h>
#define N    5
int main()
{   int i,k,j;
    for ( i=1 ; i<=N ; i++)
    {   for (k=1; k<=N-i; k++)    printf(" ");      /*每行先输出若干空格*/
        for (j=1; j<=2*i-1; j++) printf("*");       /*每行再输出若干星号*/
        printf("\n");                                /*换行为下一行输出做准备*/
    }
    return 0;
}
```

3.5 习题

3.5.1 选择题

1. 以下程序的输出结果是(　　)。

```
#include <stdio.h>
int main()
{   int x=023;
    printf("%d\n",--x);
    return 0;
}
```

  A. 17   B. 18   C. 23   D. 24

2. 若执行下面的程序时从键盘上输入5，则输出结果是(　　)。

```
#include <stdio.h>
int main()
{   int x;
    scanf("%d",&x);
    if(x++>5) printf("%d\n",x);
    else printf("%d\n",x--);
    return 0;
}
```

  A. 4   B. 5   C. 6   D. 7

3. 下述程序段中，正确的是(　　)。

```
A. int main()
   {   int x=0,y,z;
       switch(x)
       {   case y:z=3;break;
           case y+1:z=2;break;
           case y-8:z=1;break;
       }
       printf("%d\n",z);
       return 0;
   }
```

```
B. int main()
   {   int x=0,y;
       switch(x)
       {   case x>0:y=1;break;
           case x==0:y=0;break;
           case x<0:y=-1;break;
       }
       printf("%d\n",y);
       return 0;
   }
```

```
C. #define y 20
   int main()
   {   int x=12,z;
       switch(x)
       {   case 12:z=3;break;
```

```
D. int main()
   {   int x=0,y=1;
       switch(x)
       {   case 3:
           case -1:y=2;break;
```

```
            case y+1:z=2;break;                              case 2:break;
            case y-8:z=1;break;                          }
        }                                                printf("y=%d\n",y);
        printf("%d\n",z);                                return 0;
        return 0;                                    }
    }
```

4. 下列程序的输出结果是(   )。

```
int main()
{   int x=3;
    do
    {   printf("%3d",x-=2);
    }
    while (!--x);
    return 0;
}
```

  A. 1   B. 30   C. 1 -2   D. 死循环

5. 运行下面的程序，从键盘上分别输入6和4，则输出结果是(   )。

```
int main()
{   int x;
    scanf("%d",&x);
    if(x++>5)printf("d%",x);
    else printf("%d\n",x--);
    return 0;
}
```

  A. 7 和 5   B. 6 和 3   C. 7 和 4   D. 6 和 4

3.5.2 程序运行题

1. 以下程序的输出结果是_____。

```
int main()
{   int k=0;char c='A';
    do
    {   switch(c++)
        {   case 'A': k++;break;
            case 'B': k--;
            case 'C': k+=2; break;
            case 'D': k=k%2; continue;
            case 'E': k=k*10; break;
```

```
            default:   k=k/3;
        }
        k++;
    }while (c<'G');
    printf("k=%d\n",k);
    return 0;
}
```

2. 以下程序的输出结果是_____。

```
int main()
{   int i=1;
    while (i<=15)
    if (++i%3!=2) continue;
    else printf("%d ",i);
    return 0;
}
```

3. 以下程序的输出结果是_____。

```
int main()
{   int i;
    i=100;
    while(1)
    {   i=i%100;
        i++;
        if (i>=100) break;
    }
    printf("%d ",i);
    return 0;
}
```

3.5.3　编程题

1. 输入一个不多于 5 位的正整数，求它的各位数字，并按逆序输出各位数字，每位数字之间以两个空格分隔。

2. 输入三个整数，按从小到大的顺序输出这三个整数的值。

3. 编写一个程序，计算由键盘输入的一个正整数(不超过五位数)中各位奇数的平方和。例如，输入 32516，输出 $3^2+5^2+1^2=35$。

4. 输入一个年份和一个月份，输出该月有多少天。要求用 switch 语句编程实现。

5. 输入华氏温度 F，利用公式 C=5/9*(F−32)转换成摄氏温度 C，输出转换后的 C 值，并根据 C 的不同值，给出相应的提示：

C>40 时，打印 "Hot"
30<C≤40 时，打印 "Warm"
20<C≤30 时，打印 "Room Temperature"
10<C≤20 时，打印 "Cool"
0<C≤10 时，打印 "Cold"
C≤0 时，打印 "Freezing"

6. 某商场开展购物打折活动，从键盘输入购物款 x，求实际所付款 y。

$$y = \begin{cases} x & (x<1000) \\ 0.9x & (1000 \leq x<2000) \\ 0.8x & (2000 \leq x<3000) \\ 0.7x & (x \geq 3000) \end{cases}$$

7. 输入一个用 24 小时制表示的时间(h:m)，把它转换为用 12 小时制表示的时间并输出。如：

输入 9:05，输出 9:05AM；
输入 12:10，输出 12:10PM；
输入 14:30，输出 2:30PM。

8. 求 0~300 之间即能被 3 整除也能被 5 整除的数，按每行五个输出这些数，并统计有多少个？

9. 求 2~20 之间的全部素数，如 2，3，5，7，11，13，17，19。

10. 输入 x 值，按下列公式计算 cos x 的值，直到最后一项小于 10 的-6 次方为止。

$$\cos x = 1 - \frac{x^2}{2!} + \frac{x^4}{4!} - \frac{x^6}{6!} + \cdots$$

(提示：cos60°=cos(3.14/3)=0.5)

11. 编写输出如下字母图案：

```
      A
     ABA
    ABCBA
   ABCDCBA
```

12. 求 1~999 之间的所有同构数。一个数出现在它的平方数的右端，这个数称为同构数。如：5 出现在 25 右侧，则 5 是同构数；25 出现在 625 右侧，则 25 也是同构数。

(参考答案：   1   5   6   25   76   376   625)

13. 用牛顿迭代法求非线性方程 $f(x)=x^3+4x^2-10=0$ 的根，$x \in [0, 3]$。其迭代公式为：
$$x_n = x_{n-1} - f(x_{n-1})/f'(x_{n-1})$$
(参考答案：x=1.365230)

14. 张三、李四、王五这 3 个棋迷，定期去文化宫下棋。张三每 5 天来一次，李四每 6 天来一次，王五每 9 天来一次。问每过多少天他们才能一起在文化宫下棋？

第 4 章

数　　组

数组就是把具有相同类型的数据按一定规则组成的序列,是有序集合。每个元素的类型相同、数组名相同,用下标确定其顺序,但可以各自取值。数组名的命名规则同变量名,数组也必须先定义后使用。

【学习目标】
1. 掌握一位数组的定义、初始化、引用方法,排序与查找技术等应用。
2. 掌握二维数组的定义、初始化、引用方法和应用。
3. 掌握字符数组和字符串的定义、初始化、引用方法和应用。

【重点与难点】
数组的排序与查找技术。
字符数组和字符串的应用。

4.1　一维数组

数组可以是一维的,也可以是多维的。一维数组是指数组元素只有一个下标的数组。

4.1.1　一维数组的定义

一维数组的定义包括数组名、类型和大小,定义一维数组的语法格式为:

类型标识符　数组名[常量表达式];

例如 int a[5];,表示数组 a 中共有 5 个整型元素,编号从 0 开始,a[0]表示第 1 个元素,a[4]表示第 5 个元素。

说明:
(1) 类型标识符可以是任意一种基本数据类型或构造数据类型。
(2) 数组名是用户定义的数组名字,命名规则遵循 C 语言标识符的命名规则。
(3) 括号中的常量表达式表示数据元素的个数,也称为数组的长度。它只能是整型常量、整型常量表达式或符号常量,不能是变量。

例如,下面是错误的一维数组定义:

int n=5;
int a[n];

正确的一维数组定义如下:

int a[10];
char name[8];
float x[8*2+1];
#define N 5
int a[N],b[N+2];

数组的存储结构是根据数组的数据类型,为每一个数组元素安排相同长度的存储单元。根据数组的存储属性,确定将其安排在内存动态、静态存储区或寄存器区。数组的存储结构示意如图 4-1 所示。

图 4-1　数组的存储结构示意

4.1.2　一维数组的引用

一维数组引用的一般形式:

数组名[下标表达式];

方括号中的下标是数组元素在数组中的顺序号,可以是整型常量、整型变量或整型表达式,下标取值范围应在 0 到 "数组长度-1" 之间。

例如:

a[2]、a[2*3-2]

数组的引用原则如下:

(1) 先定义后引用。
(2) 只能逐个引用数组元素,不能一次引用整个数组。
(3) 引用数组元素要注意下标不要出界(编译程序不检查是否出界)。

4.1.3 一维数组的初始化

静态/外部数组未初始化，默认初值是 0(数值)或空格(字符)。auto 数组未初始化，初值为不可预料的数。

一维数组初始化的一般形式：

类型标识符　数组名[常量表达式]={初值列表};

说明：

(1) 定义数组时对所有数组元素赋予初值。例如：int a[5]={1,2,3,4,5};。

(2) 对部分数组元素赋初值，其他元素自动赋值 0。

例如：

int a[5]={1, 2, 3};　　/*a[0]～a[2]的值分别是 1～3，a[3]和 a[4]的值为 0*/

(3) 对所有数组元素赋初值时，可以省略数组的长度，C 语言编译系统将自动根据所赋初值个数确定数组长度。

例如：

int a[ ]={1,2,3,4,5};

系统自动定义数组 a 的长度为 5，该定义等价于：

int a[5]={1,2,3,4,5};

【例 4-1】 编写程序利用一维数组从键盘输入 5 个整数并输出。

```c
#include <stdio.h>
int main()
{
    int a[5],i;
    for (i=0; i<5; i++)
        scanf("%d",&a[i]);
    for (i=0; i<5; i++)
        printf ("%3d", a[i]);
    return 0;
}
```

【例 4-2】 求 fibonacci 数列 1,1,2,3,5,8,13,21,…的前 20 项。

算法： fibonacci 数列的特点是第 1 项、第 2 项都为 1，从第 3 个项开始其值为前两项之和，利用公式 f(n)=f(n-1)+f(n-2)求得后 18 项的值。然后将其全部保存到数组中，一次性输出。

程序如下：

```c
#include<stdio.h>
int main()
{
```

```
    int i,f[20]={1,1};
    for(i=2;i<20;i++)
    f[i]=f[i-2]+f[i-1];
    for(i=0;i<20;i++)
    {  if(i%5==0)   printf("\n");
        printf("%8d",f[i]);
    }
    return 0;
}
```

数组的用处很多,例如:读入全班 50 位学生某科学习成绩,然后求平均成绩、最高分、最低分等。若用简单变量,需要 50 个不同变量名,如 stu1,stu2,…, stu50。而用数组只需定义一个长度为 50 的数组即可,并利用循环结构读取数组数据。

【例 4-3】求全班 50 位学生一门课程成绩的平均分和最高分。

程序如下:

```
#include <stdio.h>
#define NUM  50                       /*此句宏定义使程序更具通用性*/
int main()
{
    int i,score[NUM],high;
    float sum=0,aver;
    for (i=0;i<NUM;i++)                /*依次读入全班学生分数*/
        scanf("%d",&score[i]);
    printf("全班同学成绩公布如下:\n");   /*公布全班学生分数*/
    for (i=0;i<NUM;i++)
    {   printf("\n%d 号同学: %5d",i+1,score[i]);
        if (i%10==9) printf("\n");
    }
    for (i=0;i<NUM;i++)                /*求平均成绩并显示出来*/
        sum+=score[i];
    aver=sum/NUM;
    printf("\n 全班平均分是:%.2f\n",aver);
    high=score[0];
    for (i=1;i<NUM;i++)
        if (score[i]>high)  high=score[i];
    printf("\n 最高分是:%d\n",high);
    return 0;
}
```

4.2 二维数组

二维数组是指数组元素有两个下标的数组,多维数组即数组元素含有多个下标。

4.2.1 二维数组的定义

二维数组定义的一般形式:

类型标识符　数组名[常量表达式 1][常量表达式 2]

其中,常量表达式 1 表示数组第一维的长度(行数),常量表达式 2 表示数组第二维的长度(列数),常量表达式是常量或符号常量,其值必须为正,不能为变量。下列为正确的二维数组定义:

```
int b[5][4];
char ch[2][3];
#define N 5
int a[N][N+2];
```

二维数组中元素的存储顺序是按行连续存放的,即在内存中先顺序存放完第一行元素,再存放第二行元素,直到最后一行。

4.2.2 二维数组的引用

与一维数组相同,二维数组和多维数组都不能对其整体引用,只能对具体元素进行引用。二维数组元素的引用方式为:

数组名[下标表达式 1][下标表达式 2]

说明:

(1) 下标表达式可以是整型常量表达式,也可以是含变量的整型表达式。例如 int a[4][5];,a[0][4],a[3][3],a[4*2-5][8%3],这些对数组的元素都是合法引用。

(2) 下标表达式 1 代表的是行下标,下标表达式 2 代表的是列下标。

(3) 数组引用时要特别注意下标越界问题。

4.2.2 二维数组的初始化

二维数组初始化的一般形式:

int a[2][3]={{1,2,3},{4,5,6}};　　　/*按行对二维数组初始化*/

或

int a[2][3]={1,2,3,4,5,6};　　　/*按数组元素存放顺序初始化*/

说明：

(1) 初始化时可对数组全部元素初始化，也可以只对部分元素初始化，其余元素值自动为 0。例如，

```
int a[3][4]={{2},{2,5}};
```

(2) 对全部元素初始化时，可以省略数组第一维的长度，但第二维的长度不能省略。例如，

```
int a[ ][4]={1,2,3,4,5,6,7,8};
```

C 编译程序将根据数组第二维的长度以及初始化数据的个数，确定数组第一维的长度为 2，保证数组大小足够存放全部初始化数据。

(3) 按行初始化时，对全部或部分元素初始化均可省略数组第一维的长度。例如，

```
int a[4][2]={{},{4,6},{},{9}};
```

还可写成：

```
int a[ ][2]={ {},{4,6},{},{9}};
```

【例 4-4】获取以下程序的运行结果。

```
#include <stdio.h>
int main()
{   int a[][3]={{1,2,3},{4,5},{6},{0}};
    printf("%d,%d,%d\n",a[1][1],a[2][1],a[3][1]);
    return 0;
}
```

程序运行结果：

5,0,0

【例 4-5】若 int a[ ][3]={1,2,3,4,5,6,7}，则 a 数组的第一维大小是多少？

答案：3。

【例 4-6】根据图 4-2 所示的数据，补充程序。

```
1 0 0 0 0
2 1 0 0 0
3 2 1 0 0
4 3 2 1 0
5 4 3 2 1
```

图 4-2 二维数组元素值

二维数组元素值与下标关系分析，如图 4-3 所示。

```
a[5][5]分析:
a00  a01  a02  a03  a04
a10  a11  a12  a13  a14
a20  a21  a22  a23  a24
a30  a31  a32  a33  a34
a40  a41  a42  a43  a44
```

图 4-3 二维数组元素值与下标关系

```
#include <stdio.h>
int main()
{   int a[5][5],i,j;
    for (i=0;i<5;i++)
    {   for (j=0;j<5;j++)
        {   if (_____①_____)
                a[i][j]=0;
            else
                a[i][j]=_____②_____;
            printf("%3d",a[i][j]);
        }
        printf("\n");
    }
    return 0;
}
```

答案：①i<j；②i+1-j。

分析：这类题的元素值排列很有规律，所以一般要从分析行数 i、列数 j 与元素值的关系着手。分析图 4-3 可知，当 i<j 时，各元素值均为 0；而 i>=j 时，元素值随行数 i 增加而增加，随列数 j 增加而减小，这样就很容易得出其元素值与 i、j 的关系是 i+1-j。

4.3 数值数组常用算法

数值数组在实际应用中经常使用很多算法，例如在数组中查找某元素可以用顺序查找法、折半查找法等；对数组元素排序则可以用冒泡法排序、选择法排序、插入法排序等。本节介绍几种常用的算法和二维数组的应用。

4.3.1 顺序查找法

顺序查找法又叫线性查找，是从数组中第一个数据开始查找比较，如果找到则返回该值或该位置，如果没有找到则往下一个数据查找比较，直到查找到最后一个数据为止。

【例4-7】已知一组数据如下：6，3，42，23，35，71，98，67，56，38。将它们存入数组，

数组下标应从 0 开始。用顺序查找法分别查找 67 和 75，若找到，则显示其在数组中的位置。若找不到，则提示"No found!"。

```c
#include <stdio.h>
int main()
{   int i,x,a[10]={6,3,42,23,35,71,98,67,56,38};
    printf("x=");
    scanf("%d",&x);
    for (i=0;i<=9;i++)
        if (a[i]==x)
        {   printf("\na[%d]=%d\n",i,x);
            return 0;
        }
    if (i==10) printf("No found!");
    return 0;
}
```

程序运行结果：

x=67↙
a[7]=67
x=75↙
No found!

4.3.2 折半查找法

顺序查找在思维上简单易行，代码容易实现，是处理少量无序数据时很好的一种选择。但是如果要处理的数据本身有序的话，由于顺序查找法没有利用数据项有序的特点，查找速度较慢，随着数据量的增大，其效率明显降低，这时应该选用更合适的查找法。使用折半查找法的前提是数据已按一定规律(升或降序)排列好。

折半查找法的思路：先检索中间的一个数据是否所需，如不是，判断要找的数据在哪一边，缩小范围后再按同样方法继续检索，直到找到或找遍。假设数组元素呈升序排列，将数组 a 中的 n 个元素分成个数大致相同的两半，取 a[n/2] 与欲查找的 x 作比较，如果 x=a[n/2]，则找到 x，算法终止。如果 x<a[n/2]，则只要在数组 a 的左半部继续搜索 x。如果 x>a[n/2]，则只要在数组 a 的右半部继续搜索 x。

查找方法是设要找的数为 x，n 个数据已排好序存放在数组 a 中。步骤如下：

(1) 设 left=0，right=n-1。
(2) mid=(left+right)/2。
(3) if (x==a[mid]) 则找到 x；
    else if (x>a[mid]) 说明 x 在右边，让 left=mid+1；
    else 说明 x 在左边，让 right=mid-1。

(4) 重复(2)和(3)两步操作，直到 x=mid(找到)或 left>right(找遍了)为止。

【例 4-8】 对于 a={2,5,8,12,15,17,19,23,24,28,29,31,33,36,38}，n=15，折半查找 29 和 32。若找到，则显示其在数组中的位置。若找不到，则提示"No found!"。

程序如下：

```c
#include <stdio.h>
#define N 15
int main()
{   int i,a[N]={2,5,8,12,15,17,19,23,24,28,29,31,33,36,38};
    int left=0,mid,right=N-1,x;
    printf("x=");
    scanf("%d",&x);
    do {   mid=(left+right)/2;
           if (x==a[mid])
           {   printf("\na[%d]=%d\n",mid,x);
               break;
           }
           else if(x>a[mid])    left=mid+1;
           else    right=mid-1;
    }while (left<=right);
    if (left>right) printf("\nNo found!\n");
    return 0;
}
```

程序运行结果：

```
x=29✓
a[10]=29
x=32✓
No found!
```

本例中，折半查找数据比较次数，如图 4-4 所示。

图 4-4 折半查找数据比较次数

4.3.3 冒泡排序法

有 n 个杂乱无序的数，要求将这 n 个数从小到大(或从大到小)排序后输出。共需进行 n-1 轮，从第 1 个开始，相邻两数两两比较，大者交换到后面(右边)。每轮从第 1 个比到第 n-i 个(i

代表第 i 轮)。这种排序方法之所以叫冒泡法，是因为在排序过程中，较小的数像气泡一样逐渐往前冒(向上冒)，大的数逐渐向后沉，最终完成排序。

设 n=10，冒泡排序第一轮数据比较示意图，如图 4-5 所示。

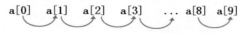

图 4-5　冒泡排序第一轮数据比较示意图

冒泡排序 N-S 流程图，如图 4-6 所示。

图 4-6　冒泡排序 N-S 流程图

【例 4-9】输入 10 个数，用冒泡法对其升序排序。

```c
#include <stdio.h>
#define N 10
int main()
{   int i,j,t,a[N];
    for (i=0;i<N;i++)
    scanf("%d",&a[i]);
    for (i=1;i<N;i++)
        for (j=0;j<N-i;j++)
            if (a[j]>a[j+1])
            {   t=a[j]; a[j]=a[j+1]; a[j+1]=t;
            }
    for (i=0;i<N;i++)
    printf("%d ",a[i]);
    return 0;
}
```

4.3.4　直接交换排序法

直接交换排序第一轮数据比较示意图，如图 4-7 所示。将数组中的第一个元素与后面的其他元素逐个比较，若与排序要求相逆(不符合升序或降序)，则将两者交换，这样经过一轮比较，第一个元素达到最小或最大。然后取数组中的第二个元素与后面的其他元素逐个比较，使第二个元素达到次小或次大。依此共需进行 n-1 轮，排序结束。

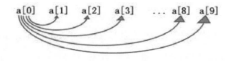

图 4-7　直接交换排序第一轮数据比较示意图

【例 4-10】 给定 10 个数：67，33，25，8，5，10，-7，23，17，22。用直接交换排序对这 10 个数升序排列。

```
#include <stdio.h>
#define N 10
int main()
{   int i,j,t,p,a[N]={67,33,25,8,5,10,-7,23,17,22};
    for (i=0;i<N-1;i++)
    {   for (j=i+1;j<N;j++)
            if (a[i]>a[j])
            {  t=a[i];a[i]=a[j]; a[j]=t; }
    }
    for (i=0;i<N;i++)
    printf("%d ",a[i]);
    printf("\n");
    return 0;
}
```

程序运行结果：

-7 5 8 10 17 22 23 25 33 67

4.3.5 选择排序法

直接交换法中，每一轮都要将数组中的数两两比较，并根据大小交换之，效率较低。从算法优化的角度对直接交换法进行改进。改进如下：两两比较后并不马上交换，而是找到最小数后记下其下标。在一轮比较完毕后，再将最小的数一次交换到位。这样，比较次数不变，交换次数减少。

选择排序 N-S 流程图，如图 4-8 所示。

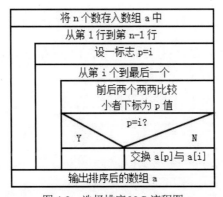

图 4-8 选择排序 N-S 流程图

【例 4-11】 给定 10 个数：67，33，25，8，5，10，-7，23，17，22。用选择排序对这 10 个数升序排列。

程序如下：

```c
#include <stdio.h>
#define N 10
int main()
{ int i,j,t,p,a[N]={67,33,25,8,5,10,-7,23,17,22};
for (i=0;i<N-1;i++)
{ p=i;
   for (j=i+1;j<N;j++)
     if (a[p]>a[j]) p=j;
   if (p!=i)
     { t=a[p];a[p]=a[i]; a[i]=t; }
}
for (i=0;i<N;i++)
printf("%d   ",a[i]);
printf("\n");
return 0;
}
```

4.3.6 插入排序法

一个数列是有序的。第二个数与有序数列中的每个数(此时，只有第一个数)比较，找到插入点后完成插入，两个数有序排列。第三个数与有序数列中的每个数比较，找到插入点后完成插入，三个数有序排列。以此类推……

如果有 N 个元素，也是要比较 N-1 轮，但每轮取第 i 个(i 从 1 开始)元素的值为暂存值 m，然后与左边的各数(从 j=i-1 开始)比较，一直到左边第一个(j=0)为止。如果 m 比左边大，就让左边的值右移，最后将该轮的第 i 个数插到左边的合适位置(如果它比较大的话)。

注意：

第一轮后，左边的数总是从大到小排列的，只有当第 i 个数大于左边的数时，才会发生交换。

【例 4-12】给定 10 个数：67，33，25，8，5，10，-7，23，17，22。用插入排序对这 10 个数降序排列。

```c
#include <stdio.h>
#define N 10
int main()
{  int i,j,m,a[N]={67,33,25,8,5,10,-7,23,17,22};
   for (i=1;i<N;i++)
   {  m=a[i];
      j=i-1;
      while (j>=0&&m>a[j])
        { a[j+1]=a[j];
```

```
            j--;
        }
        a[j+1]=m;
    }
    for (i=0;i<N;i++)
    printf("%d ",a[i]);
    printf("\n");
    return 0;
}
```

讨论：如果要求升序呢？修改第 8 行代码为：while (j>=0&&m<a[j])。

4.3.7 二维数组应用举例

二维数组的应用有求矩阵中的最大值或最小值、求转置矩阵、判断矩阵是否对称、求鞍点等。下面介绍几个典型例题。

【例 4-13】有一个 3×4 矩阵，编程求其元素最大值并输出其行号、列号。

$$\begin{vmatrix} 3 & 5 & 8 & 1 \\ 6 & 9 & 7 & 12 \\ -6 & 0 & 0 & 0 \end{vmatrix}$$

```
#include <stdio.h>
int main()
{   int i,j,x,y,max;
    int a[][4]={3,5,8,1,6,9,7,12,-6};
    max=a[0][0];
    for (i=0;i<3;i++)
      for (j=0;j<4;j++)
        if (a[i][j]>max)
        {   max=a[i][j];
            x=i;
            y=j;
        }
    printf("max is a[%d][%d]=%d\n",x,y,max);
    return 0;
}
```

程序运行结果：

max is a[1][3]=12

本例的要点是用两重循环遍历所有元素。

讨论：如果求矩阵中最小值呢，程序要怎么修改？

只需将程序中的 if (a[i][j]>max)改成 if (a[i][j]<max)即可，其他部分不需改动。

讨论：如果题目改成求每一行元素的最大值，则要定义一个长度和二维数组行数相同的一维数组来存每一行的最大值，程序代码如下：

```c
#include <stdio.h>
int main()
{   int a[ ][4]= {3,5,8,1,6,9,7,12,-6};
    int m[3],i,j;
    for(i=0; i<3; i++)
    {   m[i]=a[i][0];
        for(j=1;j<4;j++)
            if(a[i][j]>m[i])
                m[i]=a[i][j];
    }
    printf("数组 a 是:\n");
    for(i=0; i<3; i++)
    {   for(j=0;j<4;j++)
            printf("%5d",a[i][j]);
        printf("\n");
    }
    printf("数组 m 是:\n");
    for(i=0;i<3; i++)
        printf("%5d",m[i]);
    return 0;
}
```

运行后数组 m 是：

    8   12   0

【例4-14】编程判断下列矩阵是否为对称矩阵。

$$\begin{vmatrix} 1 & 2 & 3 & 0 \\ 2 & 7 & 6 & 9 \\ 5 & 6 & 7 & 4 \\ 0 & 9 & 4 & 3 \end{vmatrix}$$

算法：可用二维数组完成，对称矩阵是二维数组所有第 i 行 j 列的元素值均等于第 j 行 i 列的元素值，即 a_{ij}==a_{ji}，利用二重循环结构对二维数组各元素进行遍历(主对角线元素可除外)，若出现 a_{ij}!=a_{ji} 的情况，则证明该矩阵不是对称矩阵，即可提前退出循环。

```c
#include <stdio.h>
int main()
{   int a[4][4];
    int i,j,flag=1;
    printf("Please input array a:\n");
```

```
        for(i=0;i<4;i++)
            for(j=0;j<4;j++)
                scanf("%d",&a[i][j]);
        for(i=0;i<4&&flag;i++)
            for(j=0;j<i;j++)              /*变量 j 不超过 i 即可*/
                if(a[i][j]!=a[j][i])
                {   flag=0;               /*若找到不相等的元素，则将 flag 赋值为 0*/
                    break;                /*若找到不相等的元素，则证明矩阵不对称即可退出循环*/
                }
        if(flag)                          /*flag 非 0 表示是对称矩阵*/
            printf("Array a is yes!\n");
        else                              /*flag 为 0 表示不是对称矩阵*/
            printf("Array a is no!\n");
        return 0;
    }
```

4.4 字符数组和字符串

C 语言中字符有常量和变量，但字符串只有常量没有变量。C 语言中可以定义一个字符型的一维数组存放一个字符串，该数组的一个元素存放一个字符，也被称为字符数组。

4.4.1 字符数组的定义

定义字符数组的格式为：

char 数组名[整型常量表达式];

例如：char c[10];。

注意：

字符数组与字符串的区别：字符串可存放在字符数组中，但存放在字符数组中的并非都是字符串。字符串以 '\0' 结尾。'\0' 是指 ASCII 代码为 0 的字符。它既不是一个普通的可显示字符，也不是一个具有操作功能的字符，而是一个空操作字符。它不进行任何操作，在字符数组中仅作字符串结束标记使用。'\0' 可以用赋值方法赋给一个字符变量或字符型数组中的某个元素，如 c[8]= '\0'，运算时按 0(NULL) 看待。因此，用字符数组存储一个由 n 个字符组成的字符串时，定义数组的长度至少应为 n+1，要留一个数组元素存放字符串结束符 '\0'。否则，字符串没有结束标志，处理字符串时可能会出现错误。

4.4.2 字符数组的初始化

(1) 字符数组逐个字符赋值。

例如 char a[8]={ 'A', 'B', 'C', 'D'}; char b[2][3]={ 'A', 'B', 'C', 'D', 'E', 'F'};

注意:

如果初值个数小于数组长度,则多余的数组元素自动为空字符('\0')。

a 数组通过上面定义并初始化后,其存储情况如下:

A	B	C	D	\0	\0	\0	\0

b 数组通过上面定义并初始化后,其存储情况如下:

A	B	C	D	E	F

(2) 字符数组用字符串初始化。

例如:

```
char a[5]={ "ABCD"}; char c[ ]= "ABCD";
char a[2][5]={{ 'A', 'B', 'C', '\0'},{'x', 'y', '\0'}};
char a[2][5]={ "ABC", "XY"};
```

二维数组可以认为由若干个一维数组组成。

【例 4-15】比较以下字符数组长度是否相同。

```
char a[ ]= "ABCD";          (长度5)
char b[ ]= {"ABCD"};        (长度5)
char c[ ]={ 'A', 'B', 'C', 'D'};  (长度4)
```

【例 4-16】运行下列程序。

```
char a[5]={ 'a', 'b', '\0', 'd', '\0'};
printf("%s",a);                /*如果 printf("%s",a+1);结果是 b*/
```

程序运行结果:

ab

说明: %s 的作用是输出一个字符串,直至遇到'\0'为止。

注意:

在二维数组中,双下标引用指某行某列的某个元素;单下标引用指某行的字符串。

【例 4-17】分析以下程序的运行结果。

```
#include <stdio.h>
int main()
{   char word[3][10];
    int i;
    for (i=0;i<3;i++)
        scanf("%s",word[i]);
    printf("%s",word[i-2]);
```

```
    return 0;
}
```

程序运行结果：

```
12345✓
abcdef✓
ABCDEFG✓
abcdef
```

注意：
word[i]为第 i+1 行 word 元素首地址(二维数组用单下标表示某行的字符串)。

4.4.3 字符数组的输入

先定义一个字符数组，建立存储空间，再输入其元素值，设已定义 char a[10];。
除了直接在定义时初始化，定义后赋值的方法有以下两种。
(1) 逐个元素赋值。可单独赋值，如 a[0]= 'A',a[1]= 'B',a[2]= 'C';，也可通过循环逐个赋值，例如：

```
for(i=0;i<10;i++)
   scanf("%c", &a[i]);
```

(2) 整体输入。例如：

```
scanf("%s", a);      /*从键盘接收一个不带空格的字符串放到字符数组 a 中*/
```

注意：
数组名代表该字符数组(字符串)的首地址，不加&，可自动在所输入的字符串末尾加上'\0'，但输入的字符串中不能有空格。C 语言规定 scanf 用%s 时，以空格或回车符作为字符串的间隔符。所以，例 4-17 中，如果从键盘输入 Computer 然后回车，则数组 a 存放的是 Computer\0。如果输入 Turbo C，数组 a 中实际只存放 Turbo\0。

那带空格的字符串如何输入呢？可以使用 gets 函数实现。
字符串输入函数 gets 语法格式：

```
gets(字符数组名);
```

gets 函数用于从键盘接收一个任意字符串存储到字符数组中，例如：gets(a)执行时，将一直读取用户从键盘输入的所有字符，直至遇到回车符('\n')为止。执行成功则返回数组 a 首地址，否则返回 NULL。gets(a)会自动在字符串末尾加上'\0' (代替'\n')。

注意：
如果输入的字符长度(含'\0')超过字符数组定义的长度，将会出错。

【例4-18】分析以下程序的运行结果。

```c
#include <stdio.h>
int main()
{   char name[20];
    printf("What's your name?");
    gets(name);
    printf("Hi,%s,nice to meet you!\n",name);
    return 0;
}
```

程序运行结果：

Mary↙
Hi,Mary,nice to meet you!

【例4-19】运行下列程序，键盘输入 abc defg↙，求运行结果。

```c
#include <stdio.h>
int main()
{   char a[10];
    gets(a);
    printf("%s\n",a+2);
    return 0;
}
```

程序运行结果：

c defg

4.4.4 字符数组的输出

上一节已介绍字符数组的输入函数 gets()，本节介绍字符数组的输出。可以通过以下几种方法输出字符数组。

(1) 逐个元素输出。通过循环逐个赋值：

```c
for(i=0;i<10;i++)
    printf("%c", a[i]);
```

(2) 整体输出。通过 printf 函数和格式说明符%s 实现字符串整体一次性输出。例如：

```c
printf("%s", a);    /*输出字符数组 a 中字符，遇到\0 结束*/
```

也可通过 puts 函数一次性输出，字符串输出函数 puts 语法格式：

puts(字符数组名);

puts 函数用于把字符数组中以 NULL('\0')结尾的字符串输出到屏幕上，并自动换行。

注意：

如果输出的字符数组中不包含字符串结束标志('\0')，则可能会出错。

【例4-20】 运行下列程序，输入china，写出输出结果。

```c
#include<stdio.h>
int main()
{
    char ss[8];
    printf("请输入 5 个字符:\n");
    gets(ss);
    puts(ss);
    return 0;
}
```

输出结果：

china

4.4.5 字符串操作函数

字符串输入/输出函数 gets()和 puts()函数(在头文件 stdio.h 中)前面已介绍，此处不再赘述。在 C 语言中，对字符串的整体赋值、比较、连接、求字符串的长度、字符串中字母大小写转换等没有提供相应的运算符，但函数库中提供了大量的字符串处理函数，这些函数包含在头文件 string.h 中，因此在使用前要在程序开头加上#include <string.h>。

1. strcpy()字符串拷贝函数

strcpy()函数的格式：

strcpy(目的字符数组，源字符串);

功能： 将源字符串拷贝到目的字符数组中，直至遇到源字符串的终止符'\0'为止。

函数返回值：目的字符数组的地址。

注意：

目的字符数组要定义得足够大。若要将一个字符串常量或从某一首地址开始的字符串拷贝到别的数组，只能用本函数或指针。

【例4-21】 运行下列程序，分析编译出错原因。

```c
#include<stdio.h>
#include<string.h>
int main()
{   char a[ ]= "abcde";
    char b[10];
```

```
        b="abcde";            /*编译出错，应改为strcpy(b, "abcde")*/
        b=a;                  /*编译出错，应改为strcpy(b,a)*/
        return 0;
}
```

讨论：编译出错原因何在？

a、b 是两个数组定义时分配的内存存储单元首地址，是常量，不能改变(不能赋值)。

【例 4-22】写出以下程序的运行结果。

```
#include <stdio.h>
#include <string.h>
int main()
{   char s[10],sp[ ]="HELLO";
    strcpy(s,sp);
    s[0]='h';
    s[6]='!';
    puts(s);
    return 0;
}
```

程序运行结果：

hELLO

讨论：结果为什么不是 hELLO!。

如果 s[5]='!'，结果又会如何？(结果：hELLO 后面出现一堆乱码)

注意：

如果是复制字符串的一部分，可用 strncpy()函数，格式如下：

strncpy(目的字符数组，源字符串，复制字符数)

【例 4-23】写出下列程序的运行结果。

```
#include <stdio.h>
#include <string.h>
int main()
{   char s[ ]="This is a source string. ",b[20];
    strncpy(b,s,16);
    b[16]='\0';
    printf("%s\n",b);
    return 0;
}
```

程序运行结果：

This is a source

2. strcat()字符串连接函数

strcat()函数的格式：

strcat(目的字符数组，源字符串);

功能：将源字符串连接到目的字符数组后面，并删除目的字符数组中字符串后的结束标志'/0'。

函数返回值：目的字符数组的地址。

注意：
目的字符数组要定义得足够大，以便容纳连接后的新字符串。

【例4-24】写出以下程序的运行结果。

```
#include <stdio.h>
#include <string.h>
int main()
{   char a[ ]="abcde";
    char b[11]="12345";
    strcat(b,a);
    printf("%s,%s\n",a,b);
    return 0;
}
```

程序运行结果：

abcde,12345abcde

注意：
数组b长度定义要足够长，要能容纳a数组和b数组连接后的新数组。

【例4-25】写出以下程序的输出结果。

```
#include <stdio.h>
#include <string.h>
int main()
{   char a[80]= "AB",b[80]= "LMNP";
    int i=0;
    strcat(a,b);
    while (a[i++]!='\0')
        b[i]=a[i];
    puts(b);
    return 0;
}
```

程序运行结果：

LBLMNP

注意:

b[i]=a[i]是从 i=1 开始的。

3. strcmp()字符串比较函数

strcmp()函数的格式:

strcmp(字符串1,字符串2);

功能: 对两个字符串从各自第一个字符开始进行逐一比较,直到对应字符不相同或到达串尾为止。

函数返回值用来确定比较结果,比较结果有以下三种情况:

- 若函数返回值<0,则表示字符串 1 小于字符串 2。
- 若函数返回值=0,则表示字符串 1 等于字符串 2。
- 若函数返回值>0,则表示字符串 1 大于字符串 2。

【例 4-26】 运行时从键盘输入:BOOK<CR>CUT<CR>GAME<CR>PAGE<CR>(<CR>表示回车)。则下列程序的运行结果是什么?

```
#include<stdio.h>
#include <string.h>
int main()
{   int i; char str[10],temp[10]="Control";
    for ( i=0; i<4; i++)
    {   gets(str);
        if(strcmp(temp,str)<0)   strcpy(temp,str);
    }
    puts(temp);
    return 0;
}
```

变量跟踪:

	temp	str	比较
i=1	Control	BOOK	>0
i=2	Control	CUT	>0
i=3	Control	GAME	<0
	GAME		
i=4	GAME	PAGE	<0
	PAGE		

程序运行结果:

PAGE

4. strlen()字符串长度函数

strlen()函数的格式:

strlen(字符串);

功能: 测试所给字符串的实际字符个数(不包括'\0')。

函数返回值:实际字符个数。

【例 4-27】 写出以下程序段的运行结果。

```
char a[ ]= "\t\r\\\0will\n";
printf("%d,%d",sizeof(a),strlen(a));
```

程序运行结果：

10, 3

讨论：如果中间不是 0(零)而是字母 O，或者 0 的后面有小于八进制 377(相当于是十进制 255)的数字，则运行结果为 10, 9。

注意：

strlen 函数在计算过程中要注意转义字符代表一个字符，'\ddd' 代表 1~3 位八进制数，但要注意八进制中不能出现数字 8，'\xhh' 代表 1~2 位十六进制数。例如：

```
char a[ ]= "\t\r\\\377will\n";    strlen(a)=9     (\377 为一个字符)
char a[ ]= "\t\r\\\378will\n";    strlen(a)=10    (37 为一个字符，8 为一个字符)
char a[ ]= "\t\r\\08will\n";      strlen(a)=3     (\0 为字符串结束符)
```

5. strupr()小写字母转大写函数

strupr()函数的格式：

```
strupr(字符串);
```

功能：把字符串中的小写字母转换为大写字母，其他字符不变。例如，

```
char a[ ]="How Are You! "; strupr(a); puts(a); /*输出 HOW ARE YOU!*/
```

6. strlwr()大写字母转小写函数

strlwr()函数的格式：

```
strlwr(字符串);
```

功能：把字符串中的大写字母转换为小写字母，其他字符不变。例如，

```
char a[ ]="How Are You! "; srlwr(a); puts(a); /*输出 how are you!*/
```

4.5 习题

4.5.1 选择题

1. 下列数组声明中，正确的是(   )。
   A. int a[5]={0};   B. int a[]={0 1 2};   C. int a[5]=0;   D. int a[];
2. 已知 int a[13];，不能正确引用 a 数组元素的是(   )。
   A. a[0]   B. a[10]   C. a[10+3]   D. a[13-5]

3. 若有定义 int a[3]={0,1,2};, 则 a[1]的值为(   )。
   A. 0   B. 1   C. 2   D. 3
4. 若有定义 int a[5]={1,2,3,4,5};, 则语句 a[1]=a[3]+a[2+2]-a[3-1];运行后 a[1]的值为(   )。
   A. 6   B. 5   C. 1   D. 2
5. 以下能对一维数组 a 进行正确初始化的语句是(   )。
   A. int a[5]=(0,0,0,0,0);   B. int a[5]=[0];
   C. int a[5]={1,2,3,4,5,6,7};   D. int a[]={0};
6. 下面程序的运行结果是(   )。

```
#include <stdio.h>
int main()
{   int i=0,a[]={3,4,5,4,3};
    do{
        a[i]++;
    }while(a[++i]<5);
    for(i=0;i<5;i++)
        printf("%d ",a[i]);
    return 0;
}
```

   A. 4 5 6 5 4   B. 3 4 5 4 3
   C. 4 5 5 5 4   D. 4 5 5 4 3

7. 下列程序运行后，输出结果是(   )。

```
#include <stdio.h>
int main()
{   int n[3],i,j,k;
    for(i=0;i<3;i++)    n[i]=0;
    k=2;
    for(i=0;i<k;i++)
        for(j=0;j<k;j++)
            n[j]=n[i]+1;
    printf("%d\n",n[1]);
    return 0;
}
```

   A. 2   B. 1   C. 0   D. 3

8. 定义如下变量和数组：int i,x[3][3]={1,2,3,4,5,6,7,8,9};, 则语句

```
for(i=0;i<3;i++)    printf("%2d",x[i][2-i]);
```

   的输出结果是(   )。
   A. 1 5 9   B. 1 4 7   C. 3 5 7   D. 3 6 9

9. 以下程序的输出结果是( )。

```
#include <stdio.h>
#include <string.h>
int main()
{   char str[]="ab\n\012\\\"";
    printf("%d",strlen(str));
    return 0;
}
```

    A. 11   B. 6   C. 9   D. 3

10. 以下程序的输出结果是( )。

```
#include <stdio.h>
#include <string.h>
int main()
{   char s[]="string";
    strcpy(s,"hello");
    printf("%3s\n",s);
    return 0;
}
```

    A. hello   B. hel   C. str   D. string

4.5.2 编程题

1. 从 10 个数中找出最大值和最小值。

2. 编写一个将在-32768～32767 范围内的整数转换为 R 进制(R=2, 5, 8)的通用程序。例如，输入 12、8，则输出 14；输入 12、2，则输出 1100。

3. 给定一个包含 10 个有序整数的数组{6,13,17,29,33,48,59,61,73,98}，折半查找 x 是否在数组中，若找到，输出其数组下标，若找不到，输出 No Found。

4. 随机生成 10 个 0~100 的整数，输出这 10 个随机整数，然后对这些整数从小到大升序排列后输出。排序算法不限。

5. 随机生成 15 个 10~60 的整数，存入数组 a，将数组 a 中的奇数存入数组 b 中，然后对 b 中的这些元素按照从大到小的顺序存放到数组 c 中。要求输出数组 a、b、c。例如，

```
a: 36 19 23 52 54 12 41 33 59 30 11 59 38 27 46
b: 19 23 41 33 59 11 59 27
c: 11 19 23 27 33 41 59 59
```

6. 有 17 个人围成一圈(编号为 0～16)，从第 0 号的人开始从 1 报数，凡报到 3 的倍数的人离开圈子，然后再数下去，直到最后只剩一个人为止。编程求此人原来的编号是多少号。(答案：10)

7. 从键盘输入 n(1≤n≤9)值，输出 n 阶方阵。例如，

当 n=3 时，输出：
```
10 11 12
20 22 24
30 33 36
```

当 n=6 时，输出：
```
10 11 12 13 14 15
20 22 24 26 28 30
30 33 36 39 42 45
40 44 48 52 56 60
50 55 60 65 70 75
60 66 72 78 84 90
```

8. 编写一个程序，其功能是自动统计从键盘输入的字符串中非元音字母的个数，并将这些非元音字母输出。例如，输入 Hello,everyone!，则输出 Hll,vryn! count=9。

9. 输入字符串 Travel gives us a worthy and improving pleasure，统计出其中的单词个数为 8。

10. 从键盘输入一个包含多个单词的字符串，将单词首字母转换为大写后输出。

11. 将字符串 a、b、c 从小到大排序后输出。

提示：字符串比较函数为 strcmp (a, b)，字符串赋值函数为 strcpy(a, b)。

12. 将 10 个字符串从小到大排序后输出。

第 5 章

函　　数

C 语言是一种模块化程序设计语言，C 程序的基本组成单位是函数。在程序编写过程中，若具有相同功能的程序段反复出现，重复编写浪费时间，可将此程序段编写成函数模块的形式由主调函数反复调用，则提高了程序设计的效率。

【学习目标】
1. 掌握函数的定义和调用的方法。
2. 掌握函数实参与形参的对应关系，以及函数的参数传递方法。
3. 掌握函数的递归调用。
4. 变量的存储类型和作用域。

【重点与难点】
函数的定义和调用，函数的参数传递。

5.1 函数概述

在 C 程序设计中，通常将一个大程序分成几个子程序模块(自定义函数)，将常用功能做成标准模块(标准函数)放在函数库中供其他程序调用。使用函数便于实现模拟化设计和团队开发，便于使用现有的或别人的程序模块提高编程效能。

如果把编程比作制造一台机器，函数就好比其零部件。可将这些"零部件"单独设计、调试、测试好，用时拿出来装配，再总体调试。这些"零部件"可以是自己设计制造，也可以是别人设计制造，还可以是现有的标准产品。

函数是一个独立的程序模块，可以定义自己的变量(仅在本函数内有效)，拥有自己的存储空间，可以被其他函数或自身调用(主函数除外)。

【例 5-1】编写一个四则运算算术能力测试软件，其 N-S 图如图 5-1 所示。

```
#include <stdio.h>
/*定义所用函数*/
void cover() { }            /*软件封面显示函数*/
void password(){ }          /*密码检查函数*/
void test(){ }              /*测试题目函数*/
void result(){ }            /*结果显示函数*/
int main() {
    char ans ='y';
    cover();                /*调用软件封面显示函数*/
    password();             /*调用密码检查函数*/
    while (ans =='y'|| ans =='Y')
    {   test();             /*调用测试题目函数*/
        result();           /*调用结果显示函数*/
        printf("\n 是否继续测试?(Y/N)\n");
        ans=getche();
    }
    printf("\n 谢谢使用,再见! ");
}
```

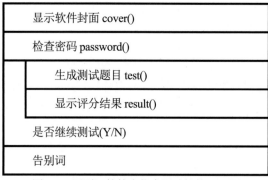

图 5-1 四则运算算术能力测试软件 N-S 图

注意:

例 5-1 中的 cover()等函数现在不编程或还不会编程,可暂时先放空。用户可以多人合作,每人完成若干个函数(模块化),也可以在另一个源程序文件中定义。

根据函数的来源,函数的类型可分为库函数(标准函数)和自定义函数。库函数由系统提供,编程时可直接使用之;自定义函数由编程者自己编写,使用时要"先定义后使用"。

根据使用的方式,可分为无参函数和有参函数。有参函数内需要使用主调函数中的数据。

函数使用说明如下。

(1) 一个源文件由一个或多个函数组成,可为多个 C 程序公用。

(2) C 语言是以源文件为单位而不以函数为单位进行编译的。

(3) 一个 C 程序由一个或多个源(程序)文件组成,可分别编写、编译和调试。

(4) C 程序执行总是从 main 函数开始,一般情况下调用其他函数后总是回到 main 函数,最后在 main 函数中结束整个程序的运行。

（5）所有函数都是平行的、互相独立的，即在一个函数内只能调用其他函数，不能再定义一个函数(嵌套定义)。

（6）一个函数可以调用其他函数或其本身，但任何函数均不可调用 main 函数。

5.2 函数的定义和调用

当 C 语言的库函数无法满足用户的需求时，用户可以自己定义编写函数，即用户自定义函数，函数必须先定义才能使用。

5.2.1 函数的定义

函数定义的一般形式：

```
[类型名] 函数名([形式参数表])
{   声明部分
    执行部分
}
```

【例 5-2】求两个整数中的较大值。

```
#include <stdio.h>
int mymax (int a,int b)          /* mymax 函数的定义*/
{   int max;
    if (a>b )  max=a;
    else max=b;
    return(max);
}
int main()
{   int x,y,max;
    printf ("x,y=");
    scanf("%d,%d",&x,&y);
    max=mymax(x,y);              /* mymax 函数的调用*/
    printf("max=%d\n",max);
    return 0;
}
```

注意：

无形参表的函数即无参函数。无函数体的函数为"空函数"。如果函数返回值的数据类型为 int，可以省略之。

5.2.2 函数的调用

函数的调用可以分为调用库函数、调用自定义函数、调用外部函数、函数的嵌套调用和函数的递归调用等。在调用库函数时，必须在源程序中用 include 命令将定义该库函数的头文件"包含进来"。

从函数调用在程序中出现的位置看，函数调用可以分为 3 种方式。

(1) 函数语句方式：把函数调用作为一个独立的语句，例如，printf("Input a,b=")等。

(2) 函数表达式方式：函数调用作为表达式的组成部分出现在表达式中，这种调用要求从被调函数返回一个确定的值以参加表达式的运算。例如，z=2*myfac(n);，a=sqrt(x)+pow(r,3), c= max(a,b)等。

(3) 函数参数方式：将函数调用作为一个函数的实参。例如，m=min(a, min(b, c));，在这个赋值语句中，min(b, c)是一次函数调用，它作为 min 函数另一次调用的实参。m 的值是 a、b、c 三者中的最小者。

函数调用作为函数的实参，实质上也是一种函数表达式方式的调用，因为函数的实参本来就要求是表达式形式。

5.2.3 函数的声明

在调用自定义函数时，自定义函数和变量一样，在其主调函数中也必须"先声明，后使用"。遇到以下 3 种情况时，被调函数在主调函数中可以不先声明。

(1) 被调函数的返回值为整型时，函数值是整型(int)或字符型(char)时，系统自动按整型说明。

(2) 被调函数的定义出现在主调函数之前时。

(3) 在所有函数定义之前，在函数的外部已做了函数声明时。

【例 5-3】求两个实数中的较大值。

```
#include <stdio.h>
float mymax (float a,float b);        /* mymax 函数的声明*/
int main()
{   float x,y,max;
    printf ("x,y=");
    scanf("%f,%f",&x,&y);
    max=mymax(x,y);                   /* mymax 函数的调用*/
    printf("max=%f\n",max);
    return 0;
}
float mymax (float a,float b)         /* mymax 函数的定义*/
{   float max;
    if (a>b )  max=a;
    elsemax=b;
    return(max);
}
```

例 5-3 中的自定义函数声明的两种形式：

float mymax (float a,float b);
float mymax (float,float);   (编译系统不检查参数名)

5.2.4 函数的返回值

以下是关于 return 语句的几点说明。

(1) 把程序控制权从函数返回函数调用点有 3 种方法。

① 执行到函数结束的右花括号时(如果函数没有返回值)。

② 执行到语句 return;(如果函数没有返回值)。

③ 把返回值返回调用处，即 return 表达式;。

形如 return (x);、return (x+y);和 return (x>y?x:y); 语句中，圆括号亦可省略。

(2) 如果函数值类型与 return 语句表达式值的类型不一致，以函数类型为准(数值型会自动进行类型转换)。

(3) 如果明确表示不需返回值，应使用 void 作函数返回值的数据类型，否则即使没有 return 语句，仍将带回一个不确定的值。

(4) 每次函数返回，只能返回一个值。

5.3 函数的参数传递

在函数定义时，函数首部形式参数表中的变量是形式参数，即形参；在函数调用中，实际参数表中的参数被称为实际参数，即实参。在调用有参函数时，主调函数和被调函数之间通过参数进行数据传递。

以下是关于形参和实参的几点说明。

(1) 形参的类型必须在函数定义时指定，但是函数未被调用时，形参并不占内存中的存储单元。只有在发生函数调用时，形参才由系统分配存储单元(与实参单元是不同的单元)，并将实参值传递到形参单元中。

(2) 实参可以是常量、变量或表达式，例如：max(a+b, 8);，但要求它们在发生函数调用时必须有确定的值，以便在调用时将实参的值赋给形参。

(3) 实参的类型与相对应的形参的类型应相同或赋值兼容。

(4) 当形参是简单变量时，实参与形参之间采用"数值传递"方式。在函数调用时，由实参传数值到简单变量形参，由于形参与实参分别占用不同的存储单元，被调函数对形参单元所做的改变不影响实参单元，因此，函数调用中数值传递只能实现实参单元向形参单元的单向值传递。

(5) 用数组元素作函数实参时，可把数组元素看作普通变量，即单向传递。

(6) 用数组名作函数实参时，是把实参数组的起始地址传给形参数组。本质是形参中的数组元素与对应实参的数组元素共享同一内存单元，即所谓"双向的地址传送"。调用结果是实参数组和形参数组同下标者同值。

【例 5-4】在主函数中输入待升序排序的 10 个数,调用冒泡排序函数 sort,输出排序结果。

```
#include <stdio.h>
void sort(int a[],int n)
{   int i,j,t;
    for (i=0;i<=n-2;i++)
      for (j=0;j<=n-2-i;j++)
        if (a[j]>a[j+1])
        {  t=a[j];
           a[j]=a[j+1];
           a[j+1]=t;
        }
}
int main()
{   int a[10]={54,15,7,9,8,16,34,24,67,19};
    int i;
    sort(a,10);
    for(i=0;i<=9;i++)
      printf("%4d",a[i]);
    return 0;
}
```

【例 5-5】函数的嵌套调用示例:用弦截法求方程 $f(x)=x^3+1.1x^2+0.9x-1.4=0$ 的根。

(1) 取 x_1、x_2,使 $f(x_1) \cdot f(x_2)<0$,根据连续函数的零点定理,区间(x_1, x_2)内必有使 $f(x)=0$ 的根,如图 5-2 所示。

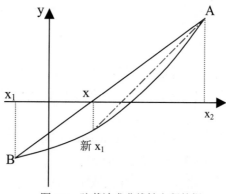

图 5-2 弦截法求非线性方程的根

(2) 直线 AB 的方程为:

$$y - f(x_1) = \frac{f(x_2) - f(x_1)}{x_2 - x_1}(x - x_1)$$

令 y=0,得

$$x = x_1 - \frac{(x_2 - x_1)f(x_1)}{f(x_2) - f(x_1)} = \frac{x_1 f(x_2) - x_2 f(x_1)}{f(x_2) - f(x_1)}$$

(3) 考察到 f(x)·f(x_2)<0，令 x_1=x，否则 x_2=x。

(4) 重复(2)、(3)，直至 f(x)≈0。

程序如下：

```c
#include <stdio.h>
#include <math.h>
float f(float x)
{   float y;
    y=((x+1.1)*x+0.9)*x-1.4;
    return y;
}
int main()
{   float x1,x2,x;
    do
    {   printf("x1,x2=");
        scanf("%f,%f",&x1,&x2);
    }while(f(x1)*f(x2)>0);
    while(1)
    {   x=(x1*f(x2)-x2*f(x1))/(f(x2)-f(x1));
        if (fabs(f(x))<=1e-6)break;
        if (f(x)*f(x2)<0)x1=x;
        else x2=x;
    }
    printf("x=%.3f",x);
    return 0;
}
```

程序运行结果：

x1,x2=0,1✓
x=0.671

5.4 函数的递归调用

C 语言规定函数不可以嵌套定义，即不能在一个函数内定义另外一个函数，函数的定义是相互独立的，但允许函数嵌套调用，即在一个函数内调用另一个函数。递归调用是指在调用一个函数的过程中，出现直接或间接调用该函数本身。

5.4.1 递归调用的概述

递归调用分为直接递归调用和间接递归调用。直接递归调用是指在调用函数的过程中直接调用该函数本身。间接递归调用是指调用 f1 函数的过程中调用 f2 函数，而 f2 又需要调用 f1。

直接递归调用和间接递归调用均为无终止递归调用。为此，一般要设置递归出口，即用 if 语句来控制，使递归过程到某一条件满足时结束。

5.4.2 递归法

归纳法可以分为递推法和递归法。

(1) 递推法：从初值出发，归纳出新值与旧值间直到最后值为止存在的关系。递推法要求通过分析得到初值和递推公式，然后通过循环控制结构编程实现，获得循环的终值。

(2) 递归法：从结果出发，归纳出后一结果与前一结果直到初值为止存在的关系。递归法要求通过分析得到初值和递归函数，然后设计一个递归函数，其不断使用下一级值调用自身，直至到达结果已知的递归出口，使用的是选择控制结构。递归法类似于数学证明中的反推法，从后一结果与前一结果的关系中寻找其规律性。

若在主函数中用终值 n 调用递归函数，递归函数的一般形式是：

```
递归函数名 f(参数 x)
{   if(n=初值)
    结果=…；
    else
    结果=含 f(x-1)的表达式；
    返回结果(return)；
}
```

【例 5-6】用递归法求 n！

$$n! = \begin{cases} 1, & n = 1 \\ n*(n-1)!, & n>1 \end{cases}$$

实际上，递归程序分两个阶段执行。

(1) 回推(调用)：欲求 n! →先求 (n-1)! →(n-2)! → … → 1!。若 1! 已知，回推结束。
(2) 递推(回代)：知道 1! →2! 可求出→3! → … → n!

```
#include <stdio.h>
int main()
{   int n;
    float s;
    float fac(int );
    printf("n=");
    scanf("%d",&n);
    s=fac(n);
```

```
        printf("%d!=%.0f",n,s);
}
float fac(int x)
{   float f;
    if (x==0||x==1) f=1;
    else f=fac(x-1)*x;
    return f;
}
```

程序运行结果：

```
n=5↙
5!=120
n=8↙
8!=40320
```

【例 5-7】有 5 个人，第 5 个人说他比第 4 个人大 2 岁，第 4 个人说他比第 3 个人大 2 岁，第 3 个人说他比第 2 个人大 2 岁，第 2 个人说他比第 1 个人大 2 岁，第 1 个人说他 10 岁。求第 5 个人多少岁。

$$age(n) = \begin{cases} 10, & n = 1 \\ age(n-1) + 2, & n > 1 \end{cases}$$

```
#include <stdio.h>
int main()
{
    printf("%d",age(5));
    return 0;
}
int age(int n)
{   int c;
    if (n==1) c=10;
    else c=age(n-1)+2;
    return c;
}
```

程序运行结果：

18

【例 5-8】在屏幕上显示杨辉三角形，如图 5-3 所示。

```
        1
       1   1
      1   2   1
     1   3   3   1
    1   4   6   4   1
   1   5  10  10   5   1
   ...  ... ... ... ... ...
```

图 5-3　杨辉三角形示意图

分析：设起始行为第 1 行，则第 x 行第 y 列(不计左侧空格时)的值 c(x,y)满足以下关系：

$$c(x,y) = \begin{cases} 1, & y=1 \text{或} y=x \\ c(x-1, y-1) + c(x-1, y) \end{cases}$$

```c
#include <stdio.h>
int c(int x,int y)
{   int z;
    if (y==1||y==x) return 1;
    else
    {  z=c(x-1,y-1)+c(x-1,y);
        return z;
    }
}
int main()
{   int i,j,n;
    printf("Input n=");
    scanf("%d",&n);
    for (i=1;i<=n;i++)
    {   for (j=0;j<=n-i;j++)
        printf("  ");           /*此处输出两个空格*/
        for (j=1;j<=i;j++)
            printf("%3d ",c(i,j));
        printf("\n");
    }
    return 0;
}
```

程序运行结果，如图 5-4 所示。

图 5-4　杨辉三角形程序运行结果

【例 5-9】求解 Fibonacci 数列问题。

$$\mathrm{fib}(n) = \begin{cases} 1, & n=1 \\ 1, & n=2 \\ \mathrm{fib}(n-1)+\mathrm{fib}(n-2), & n>2 \end{cases}$$

```
#include <stdio.h>
int fib (int n)
{   int f;
    if (n==1||n==2)   f=1;
    else    f=fib(n-1)+fib(n-2);
    return f;
}
int main()
{   int i,s=0;
    for (i=1;i<=12;i++)
        s=s+fib(i);
    printf("n=12,s=%d\n",s);
    return 0;
}
```

程序运行结果：

n=12,s=376

【例 5-10】求解汉诺塔(Tower of Hanoi)问题。

汉诺塔问题的游戏规则是：在一块铜板上有 a、b、c 三根杆，最左边的 a 杆自上而下串着从小到大的 64 个圆盘构成一个塔。现要将最左边 a 杆上的圆盘，借助最右边的 c 杆，全部移到中间的 b 杆上，条件是一次仅能移动一个盘，且不允许大盘叠在小盘上，如图 5-5 所示。

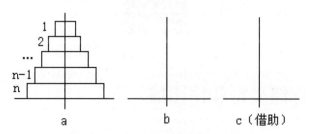

图 5-5　汉诺塔问题初始状态示意图

分析：

(1) 简化问题：设盘子只有一个，则本问题可简化为 a→b。

(2) 对于大于一个盘子的情况，逻辑上可分为两部分：第 n 个盘子和除 n 以外的 n–1 个盘子。如果将除 n 以外的 n–1 个盘子看成一个整体，则要解决本问题，可按以下步骤进行。

① 将 a 杆上 n–1 个盘子借助于 b 先移到 c 杆。a→c　　(n–1,a,c,b)

② 将 a 杆上第 n 个盘子从 a 移到 b 杆。a→b

③ 将 c 杆上 n–1 个盘子借助 a 移到 b 杆。c→b　　(n–1,c,b,a)

程序如下：

```c
#include <stdio.h>
void h(int n,char a,char b,char c)
{   if (n==1)
    {   printf("\n%c->%c",a,b);
        return;
    }
    else
    {   h(n-1,a,c,b);
        printf("\n%c->%c",a,b);
        h(n-1,c,b,a);
    }
}
int main()
{   int n;
    printf("Input n=");
    scanf("%d",&n);
    h(n,'A','B','C');
    return 0;
}
```

程序运行结果，如图 5-6 所示。

图 5-6　汉诺塔问题 3 个盘子的移动次序

5.5　变量的存储类型和作用域

在 C 语言中，完整的变量定义的一般形式为：

存储类型　数据类型　变量名;

数据类型在之前的章节中已经介绍，本节介绍变量的存储类型。

5.5.1 变量的存储类型

变量两大属性是数据类型和存储类别。内存中的用户区和数据区示意图，如图 5-7 所示。一个完整的变量说明，如 static int x,y;。

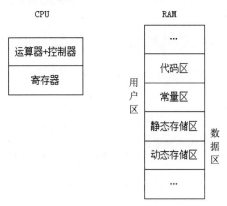

图 5-7　内存中的用户区和数据区示意图

存储类别规定了变量在计算机内部的存放位置，其决定变量的"寿命"(何时"生"，何时"灭")。静态存储区中的变量与程序"共存亡"；动态存储区中的变量与所在函数"共存亡"。未说明存储类别时，函数内定义的变量为 auto 型，函数外定义的变量为 extern 型。

变量的存储类型有以下几种。

(1) register 型(寄存器型)：变量值存放在运算器的寄存器中，存取速度快，一般只允许 2~3 个，且限于 char 型和 int 型，通常用于循环变量(在 Turbo C 中自动转为 auto 型)。

(2) auto 型(自动变量型)：变量值存放在主存储器的动态存储区(堆栈方式)。优点是同一内存区可被不同变量反复使用。

以上两种均属于"动态存储"性质，即调用函数时才为这些变量分配单元，函数调用结束其值自动消失。

(3) static 型(静态变量型)：变量值存放在主存储器的静态存储区，程序执行开始至结束，始终占用该存储空间。

(4) extern 型(外部变量型)：变量值存放在主存储器的静态存储区，其值可供其他源文件使用。

后两种均属于"静态存储"性质，即从变量定义处开始，在整个程序执行期间其值都存在。

5.5.2 变量的作用域

在 C 语言中，程序与文件是不同的概念，一个程序可以由一个文件组成，也可以由多个文件组成；一个文件中又可以包含多个函数；函数是构成 C 程序的基本单位。

变量的作用域指在源程序中定义变量的位置及其能被读/写访问的范围。变量的作用域因变量的存储类型不同而不同。auto 型和 register 型变量的作用域是说明变量的当前函数；外部变量的作用域是整个程序，即外部变量的作用域可以跨越多个文件；内部静态变量(定义在一个函数内部的 static 型变量)的作用域是当前函数，外部静态变量(定义在函数外面的 static 型变量)的作用域是当前文件，即可以跨越同一文件中的不同函数。

根据变量的作用域的不同，可以分为局部变量和全局变量，如图 5-8 所示。

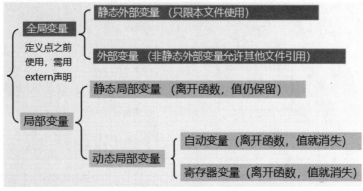

图 5-8 变量的作用域

1. 局部变量

局部变量是函数内部或复合语句内定义的变量，局部变量只在本函数或本复合语句内才能使用，在此之外不能使用(视为不存在)，main 函数也不例外，所有形参都是局部变量。局部变量的存储类型分为 auto(默认)、register 和 static。

(1) 自动类变量(auto 变量)。自动类变量是在动态存储区内分配存储空间的，函数调用结束时自动释放这些存储空间，其值自动消失，如不赋初值，取不确定值为初值。

定义自动类变量时，应该在定义变量的类型名前使用 auto 关键字，在函数内定义的局部变量，如不声明其存储类型，系统会将其默认为自动类变量。

例如：int a; 相当于 auto int a;。

(2) 寄存器变量(register 变量)。一般情况下，变量的值存放在内存中。当程序中用到一个变量时，该变量才被送到运算器中，运算完成后再送回内存存储。如果某些变量使用频繁，则运送和存储变量需要花费大量时间，为提高执行效率，C 语言允许将局部变量的值放在运算器中的寄存器中，需要用时直接从寄存器取出参加运算，不必再到内存中去存取，这样就可以提高执行效率。这种变量属于寄存器类变量，一般称之为寄存器变量。在定义寄存器变量时，应该在定义变量的类型名前面使用 register 关键字。只有局部变量和形参可以定义为寄存器变量，因为计算机的寄存器数量和存储空间有限，不能定义任意多个寄存器变量。

(3) 静态类变量(static 变量)。有的函数需要反复被调用，某变量在该函数下一次被调用时需要上一次被调用结束时保留的值，则需要该变量占用的存储单元一直不释放，此时应该指定该变量为"静态局部变量"，用关键字 static 进行声明。例如：static int a;，变量 a 为静态局部变量，在整个程序运行期间都不释放，因此，在函数调用结束后其值仍保留，直到程序结束才释放。

静态局部变量如不赋初值，取初值为 0(数值型)或空字符(字符型)。

【例 5-11】求下列程序运行结果。

```c
#include <stdio.h>
int f(int a)
{   int b=0;
    static int c=3;
    b++;c++;
    return a+b+c;
}
int main()
{   int a=2,i;
    for (i=0;i<3;i++)
        printf("%4d",f(a));
    return 0;
}
```

变量追踪：

a	i	b	c	f(a)
2	0	0→1	4	7
	1	0→1	5	8
	2	0→1	6	9

根据上面的变量追踪，因为变量 b 默认是动态类的，所以每次函数调用完变量 b 的值都释放，在下次调用时再重新被赋值。

而变量 c 是静态类的，每次函数调用完，变量 c 的值不释放仍然保留，在下一次函数调用时，变量 c 仍使用上一次保留的结果继续运算，所以程序的运行结果为：

```
   7   8   9
```

【例 5-12】求下列程序运行结果。

```c
#include <stdio.h>
int func(int a,int b)
{   static int m=0,i=2;
    i+=m+1;
    m=i+a+b;
    return m;
}
int main()
{   int k=4,m=1,p;
    p=func(k,m);
    printf("%d,",p);
```

```
        p=func(k,m);
        printf("%d",p);
        return 0;
}
```

变量追踪:

k	m	a	b	m	i
4	1	4	1	0→8	2→3
4	1	4	1	8→17	3→12

根据上面的变量追踪，因为变量 m 和 i 都是静态类的，因此每次函数调用完，变量 m 和 i 的值不释放仍然保留，在下一次函数调用时，变量 m 和 i 仍使用上一次保留的结果继续运算，所以程序的运行结果为：

8, 17

2. 全局变量

全局变量是在所有函数之外定义的变量。全局变量的生存期是整个程序，从程序运行起占据内存，程序运行过程中可随时访问，程序退出时释放内存。有效范围是从定义变量的位置开始到本程序结束。存储类型分为 extern(默认)和 static 型。

(1) extern 型变量允许本源文件中其他函数及其他源文件使用。

(2) static 型变量只限本源文件中使用，有效作用范围从定义变量位置开始直到本源文件结束。

如果需要将全局变量的作用范围扩展至整个源文件，有以下 3 种方法。

- 全部在源文件开头处定义。
- 在引用函数内，用 extern 说明。
- 在源文件开头处，用 extern 说明。

【例 5-13】求下列程序运行结果。

```
#include <stdio.h>
extern int x,y;      /*可以省略 int*/
int main()
{ printf("x=%d,y=%d\n",x,y);
}
int x=100,y=200;
```

程序运行结果：

x=100,y=200

如果要将全局变量作用范围扩展到其他源文件，只需在使用这些变量的文件中对变量用 extern 加以说明。

注意：

(1) 所有全局变量不管是否加 static，都属于静态存储，如不赋初值，取初值为0(数值型)或空字符(字符型)(注意与函数内部定义的 static 型局部变量的区别)。

(2) 如果在同一个源文件中，全局变量与局部变量同名，则在局部变量作用范围内，全局变量不起作用。

【例 5-14】 求下列程序运行结果。

```
#include <stdio.h>
int a=3,b=5;
int max(int a,int b)
{   int c;
    c=a>b?a:b;
    return c;
}
int main()
{   int a=8;
    printf("%d\n",max(a,b));
    return 0;
}
```

程序运行结果：

8

讨论：如果主函数中没有 int a=8，则在调用函数 max(a,b)时，a 的值取全局变量 a 的值 5，则最终的运行结果为 5。

课堂提问：

(1) 如何判断一个变量是局部变量还是全局变量？(看变量定义在函数内或外)

(2) 在定义一个变量时，如果没有规定存储类型，其默认的存储类型是什么？

auto (局部)

或

extern (全局)

(3) 若以下程序运行时出错提示为 undefined symbol 'x' in function main，应如何改正？

```
#include <stdio.h>
int main()
{   x=2;
    printf("%d\n",x);
}
int x;
```

上述程序由于 int x; 放在了程序的最后定义，它的作用范围是从定义开始到源程序结束，main 函数中没有起到作用，所以提示 main 函数中的 x 没有定义。改正的方法有以下 4 种。

① 将 int x;放到主函数之内定义。

```
#include <stdio.h>
int main()
{   int x;
    x=2;
    printf("%d\n",x);
}
```

② 将 int x;放到主函数之前定义，使 x 变为全局变量。

```
#include <stdio.h>
int x;
int main()
{   x=2;
    printf("%d\n",x);
}
```

③ 在主函数之内加一语句 extern x ;或 extern int x;。

```
#include <stdio.h>
int main()
{   extern int x;
    x=2;
    printf("%d\n",x);
}
int x;
```

④ 在主函数之前加一语句 extern x ;或 extern int x;。

```
#include <stdio.h>
extern int x;
int main()
{   x=2;
    printf("%d\n",x);
}
int x;
```

5.6 外部函数

外部函数是指允许被其他源文件调用的函数。外部函数说明语句：

```
extern   函数名();
```

【例 5-15】 调用外部函数示例。

文件 file1.c 中内容如下：

```
#include <stdio.h>
#include "file2.c"
extern int max();            /*函数说明*/
int main()
{   int x=80,y=90,c;
    c=max(x,y)+20;           /*调用 max 函数*/
    printf("max is %d\n",c);
    return 0;
}
```

与 file1.c 同目录下的文件 file2.c 中内容如下：

```
extern int max(int a,int b)  /*extern 可省*/
{   int c;
    c=a>b?a:b;
    return c;
}
```

5.7 习题

5.7.1 选择题

1. 下列关于 C 语言函数的描述中正确的是(　　)。
    A. 函数的定义可以嵌套，但函数的调用不可以嵌套
    B. 函数的定义不可以嵌套，但函数的调用可以嵌套
    C. 函数的定义和函数的调用都可以嵌套
    D. 函数的定义和函数的调用都不可以嵌套

2. 一个函数内有数据类型说明语句 double x,y,z(10); 关于此语句的解释，下面说法正确的是(　　)。
    A. z 是一个数组，它有 10 个元素
    B. z 是一个函数，小括号内的 10 是它的实参的值
    C. z 是一个变量，小括号内的 10 是它的初值
    D. 语句中有错误

3. 以下 fun 函数的类型是(　　)。

```
fun(float x)
{ double y; int z;
    y=x*x;
```

```
        z=(int)y;
        return(z);
}
```

    A. void   B. double   C. int   D. float

4. 以下程序的运行结果是( )。

```
int fun(int array[4][4])
{   int j;
    for(j=0;j<4;j++) printf("%2d",array[2][j]);
    printf("\n");
}
int main()
{   int a[4][4]={0,1,2,0,1,0,0,4,2,0,1,9,0,4,5,0};
    fun(a);
    return 0;
}
```

    A. 2 0 1 9   B. 1 0 0 4   C. 0 1 2 0   D. 0 4 5 0

5. 以下程序运行后输出( )。

```
#include<stdio.h>
int f(int x, int y)
{   return (x+y);   }
int main()
{   int a=2,b=3,c;
    c=f(a, b);
    printf("%d+%d=%d",a,b,c);
    return 0;
}
```

    A. 0   B. 2+3=5   C. 2+3=0   D. 3+2=5

6. 已知如下定义的函数，则该函数的数据类型是( )。

```
fun1(a)
{ printf("\n%d",a);
}
```

    A. 与参数 a 的类型相同   B. void 型
    C. 没有返回值   D. 无法确定

7. 在 C 语言中，函数的数据类型是指( )。

    A. 函数返回值的数据类型   B. 函数形参的数据类型
    C. 调用该函数时的实参的数据类型   D. 任意指定的数据类型

8. 求一个角的正弦函数值的平方。能够实现此功能的函数是( )。

A. sqsina(float x)
   { return(sin(x)*sin(x));
   }
B. double sqsinb(float x)
   { return(sin((double)x)*sin((double)x));
   }
C. double sqsinc(x)
   { return(((sin(x)*sin(x));
   }
D. sqsind(float x)
   { return(double(sin(x)*sin(x)));

9. 以下程序运行后输出(   )。

```
#include<stdio.h>
int a=2,b=3;
int max (int a, int b)
{  int c;
   c=a>b?a:b;
   return (c);
}
int main()
{  int a=4;
   printf("%d",max(a,b));
   return 0;
}
```

A. 2,3   B. 2   C. 3   D. 4

10. 以下程序运行后输出(   )。

```
int fun()
{  static int k=0;
   return ++k;
}
int i;
for(i=1;i<=5;i++) fun();
printf("%d",fun());
```

A. 0   B. 1   C. 5   D. 6

11. 以下程序运行后输出(   )。

```
#include <stdio.h>
int global=50;
fun ()
{  int global=7;
   return ++global;
}
int main()
{  printf("%d\n",fun());
   return 0;
```

```
}
```
    A. 50　　　　　　B. 51　　　　　　C. 7　　　　　　D. 8

12. 以下程序的运行结果是(　　)。

```
fun(int x,int y)
{   int z;
    z=(x<y)?(x+y):(x-y);
    return (z);}
int main()
{   int a=10,b=6;
    printf("%d\n",fun(a,b));
    return 0;
}
```

    A. 4　　　　　　　B. 16　　　　　　C. 10　　　　　　D. 6

13. 下面函数的功能是(　　)。

```
a(char s1[],s2[])
{ while(s2++=s1++);
}
```

    A. 字符串比较　　　　　　　　　　B. 字符串复制
    C. 字符串连接　　　　　　　　　　D. 字符串反向

14. 下列结论中，错误的是(　　)。

    A. C 语言允许函数的递归调用
    B. C 语言中的 continue 语句，可以通过改变程序的结构而省略
    C. 有些递归程序是不能用非递归算法实现的
    D. C 语言中不允许在函数中再定义函数

15. 如果一个变量在整个程序运行期间都存在，但是仅在说明它的函数内是可见的，则该变量的存储类型应该被说明为(　　)。

    A. 静态变量　　　B. 动态变量　　　C. 外部变量　　　D. 内部变量

16. 在一个 C 源程序文件中，若要定义一个只允许在该源文件中所有函数使用的变量，则该变量需要使用的存储类别是(　　)。

    A. extern　　　　　B. register　　　　　C. auto　　　　　D. static

5.7.2　填空题

1. 下面程序的功能是根据近似公式求 π 值。近似公式为：$\dfrac{\pi^2}{6} \approx 1 + \dfrac{1}{2^2} + \dfrac{1}{3^2} + \cdots + \dfrac{1}{n^2}$。

```
#include <stdio.h>
#include <math.h>
```

```
double pi(long n)
    {   double s=0.0;
        long i;
        for(i=1;i<=n;i++)
        s=s+    ①    ;
        return(   ②   );
    }
    int main()
    {   int n;
        double y;
        printf ("n=");
        scanf("%d",&n);
            ③    ;
        printf("y=%f\n",y);
        return 0;
    } s=s+ ;
    return();
}
```

2. 以下程序能从数组 a 所存放的字符串中删去变量 c 所存放的字符。

```
#include <stdio.h>
delete(char s[],char c)
{   int i,j;
    for(i=j=0;    ①    ;i++)
    if (s[i]    ②    c)
        s[    ③    ]=s[i];
    s[j]='\0';
}
int main()
{   char a[50],b='x';
    gets(a);
    delete(a,b);
    puts(a);
    return 0;
}
```

3. 下面程序的功能是将形参 x 的值转换为二进制数，所得的二进制数放在一个一维数组 b 中返回，二进制数的最低位放在下标为 0 的元素中。

```
#include <stdio.h>
#include <math.h>
int fun(int x,int b[])
{   int k=0,r;
    do
```

```
        {   r=x%___①___;
            b[___②___]=r;
            x/=2;
        }while(x);
        return k;
    }
    int main()
    {   int x,i,n;
        int b[100];
        printf ("x=");
        scanf("%d",&x);
        n=___③___;
        for (i=n-1;i>=0;i--)
        printf("%d",b[i]);
        return 0;
    }
```

5.7.3 程序运行题

1. 以下程序运行后，程序运行结果：_____

```
#include <stdio.h>
    int sub(int n)
    {   int a;
        if (n==1) return 1;
        a=n+sub(n-1);
        return a;
    }
    int main()
    {   int i=5;
        printf("%d\n",sub(i));
        return 0;
    }
```

2. 以下程序运行后，程序运行结果：_____

```
#include <stdio.h>
    f(int b)
    {   static int y=3;
        return (b+y++);
    }
    int main()
    {   int a=2, i, k;
        for(i=0; i<2; i++)
        k=f(a++);
```

```
        printf("%d\n", k);
        return 0;
    }
```

3. 以下程序运行后，程序运行结果：_____
   如果第二行不加上 extern，则程序运行结果：_____

```
#include <stdio.h>
    void num()
    {   extern int x,y;
        int a=15,b=10;
        x=a-b;
        y=a+b;
    }
    int   x,y;
    int main()
    {   int a=7,b=5;
        x=a+b;
        y=a-b;
        num();
        printf("%d,%d\n",x,y);
        return 0;
    }
```

4. 以下程序运行后，程序运行结果：_____

```
#include <stdio.h>
    int a;
    int fun(int i)
    {   a+=2*i;
        return a;
    }
    int main()
    {   int a=10;
        printf("%d,%d\n",fun(a),a);
        return 0;
    }
```

5. 以下程序运行后，程序运行结果：_____

```
#include <stdio.h>
    int i=0;
    int workover(int i)
    {   i=(i%i)*((i*i)/(2*i)+4);
        printf("i=%d\n",i);
        return i;
```

```
        }
        int resct(int i)                    /*此处形参 i 使用主函数中局部变量 i 的值*/
        {    i=i<=2?5:0;
             printf("i=%d   ",i);
             return i;
        }
        int main()
        {   int i=5;
            reset(i/2);      printf("i=%d\n",i);    /*此处 i 为局部变量值，即 i=5*/
            reset(i=i/2); printf("i=%d\n",i);       /*局部变量 i=i/2，即 i=2*/
            reset(i/2);      printf("i=%d\n",i);    /*局部变量 i 的值未变*/
            workover(i);   printf("i=%d\n",i);      /*局部变量 i 的值未变*/
        }
```

6. 运行下列程序，当输入字符序列 AB$CDE 并回车时，程序的输出结果：_____

```
#include <stdio.h>
void rev()
{    char c;
     c=getchar();
     if (c=='$') printf("%c",c);
     else
     {   rev();
         printf("%c",c);
     }
}
int main()
{   rev();
    return 0;
}
```

7. 以下程序运行后，程序运行结果：_____

```
#include <stdio.h>
void f(int i)
{    int a=2;
     a=i++;
     printf("%d," ,a );
}
int main()
{   int a=1,c=3;
    f(c);
    a=c++;
    printf("%d",a);
    return 0;
}
```

5.7.4 编程题

1. 写一个判断素数的函数，在主函数输入一个整数，输出是否是素数的信息。

2. 由键盘输入两个整数，编写函数求这两个整数的最大公约数，用主函数调用这个函数，并输出结果。

3. 用递归函数实现反向输出一个整数。例如输入 12345678，输出 87654321；输入-12345，则输出-54321。

第 6 章

指　针

指针是一个值为内存地址的变量(或数据对象)。指针是 C 语言学习的一个重点与难点。指针可以指向与指针同类型的任何变量或者任何数组元素，使代码更加灵活、更有效率，也可以简化一些 C 编程任务的执行，还有一些任务没有指针是无法执行的，如动态内存分配。只有熟练地掌握了指针，才可以说掌握了 C 语言，C 语言最吸引人的地方也是指针，因为它可以任意地直接操作物理内存，编写程序时有着极大的自由空间。因此，也有人说指针是 C 语言的灵魂，不掌握指针就是没有掌握 C 语言的精华。想要成为一名优秀的 C 语言程序员，学习指针是很有必要的。

【学习目标】
1. 掌握指针、指针变量的定义和引用。
2. 掌握数组指针和字符串指针的应用。
3. 熟悉指针数组的应用。

【重点与难点】
了解指针的应用场合，熟练使用数组指针和字符串指针编写应用程序。

6.1 地址和指针变量

如果将内存比作一个旅馆，内存单元就好比床位，而实体则好比旅客。这些"旅客"(实体)中，有单人型(char)、夫妇型(short int)、家庭型(int、float、long、double 等)、团体型(数组等)。如果在程序中定义了一个实体，如变量、数组、函数等，编译时系统就要给这些实体分配内存单元。内存单元以字节为单位，每个字节都有一个编号，即地址(address)。定义变量时，系统会为变量分配地址，地址对应物理空间，如系统会为 int 整型变量分配 4 个字节，为 char 字符型数据分配 1 个字节等。指针是针对地址操作的数据类型，可实现地址内容的操作。

6.1.1 地址

每一个实体都有一个内存位置，每一个内存位置都定义了可使用连字号(&)运算符访问的地址，它表示了在内存中的一个地址。假定从内存单元地址 1000 开始，若有定义：

char a;int b;float c;int d[2];int max()

则这些实体在内存中占用存储单元的情况，如表 6-1 所示。

表 6-1　变量、数组、函数在内存中占用存储单元的情况

内存占用	实体	说明
&a=1000	a	char 字符型变量 a 占 1 个字节
&b=1001 1002 1003 1004	b	int 整型变量 b 占 4 个字节
&c=1005 1006 1007 1008	c	float 单精度实型变量 c 占 4 个字节
d=1009 1010 1011	d[0]	int 整型数组 d 占 8 个字节
1012 1013 1014 1015 1016	d[1]	
max=1017	max()	函数 max() 入口地址

通常人们关心的不是具体的地址值，而是每个实体的起始地址，以 int 型变量 b 占用的 4 字节为例，起始地址表示为&b，如图 6-1 所示。

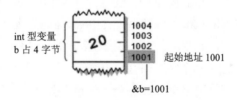

图 6-1　int 型变量 b 的起始地址&b

实体地址有以下两种表示法。

(1) &取地址运算符。变量名前加一个连字号(&)，表示该变量的地址，适用于普通变量或数组元素。

- 普通变量的地址，如&a,&b,&c。
- 设已定义数组 int d[3]，则数组首地址用数组名 d 或&d[0]表示。设已定义二维数组 int d[3][4]，则数组首地址用数组名 d 或&d[0][0]或&d[0]或 d[0]表示。对二维数组，可用单下标法表示每行首地址，即 d[0]、d[1]、d[2]分别表示第每一、第二、第三行的首地址。
- 设已定义函数 max( )，则函数入口地址可以用函数名 max 表示。

(2) 指针(Pointer)，为一种特殊的数据类型，存放某个实体的地址值。如变量的指针存放的是变量的地址。指针适合于地址运算(加减等)，便于编程处理。

在 C 语言中，变量和函数有数据类型和存储类型两个属性，因此变量定义的一般形式为：

存储类型 数据类型 变量名表；

内存地址的分配规则如下。

- C 语言提供的存储类型有自动变量(auto)、静态变量(static)、外部变量(extern)和寄存器变量(register)。根据存储类型的不同，决定存储区域是在动态存储区、静态存储区，还是在寄存器组中。
- 根据数据类型(如 char、int、float、double 等)的不同，决定占用的内存长度(字节数)和存储方式(ASCII 码、补码等)。

关于存储方式，这里仅作简单说明。比如，字符 char 型是把字符相对应的 ASCII 放到存储单元中，而这些 ASCII 代码值在计算机中以二进制的形式存放。整型数据在内存中以补码的形式存在，正整数的补码就是它的原码本身，负整数的补码为原码取反再加 1。实型数据一般用浮点数表示，可以表示为一个纯小数和一个幂的乘积，其机内表示由阶码和尾数两部分构成，具体可以查阅数的机内表示。

6.1.2 指针变量

指针变量就是指存放指针(地址值)的特殊变量。指针变量的定义格式：

类型标识符 *变量名；

例如：

int *a; char *b; float *c;

指针变量 a、b、c 分别指向某个未确定的整型变量、字符变量和实型变量。但指针变量 a、b、c 本身是整数(地址)。

【例 6-1】指针变量赋值示例。

```
#include <stdio.h>
int main()
{   int a=5,*p;
    p=&a;
    printf("%d,%d\n",*p,a);
    return 0;
}
```

程序运行结果：

```
5,5
```

说明：设 a 的起始地址为 2000，例 6-1 中 p 与 a 的关系如图 6-2 所示，即 p=&a，a=*p。

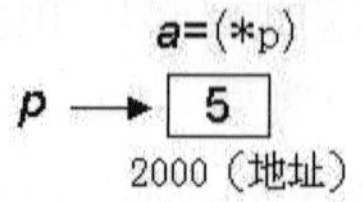

图 6-2 指针变量的赋值 p=&a=2000

【例 6-2】地址值示例，求运行结果。

```c
#include <stdio.h>
int main()
{   char *a,v1=3;
    long int *b,v2=4;
    double *c,v3=5;
    a=&v1;
    b=&v2;
    c=&v3;
    printf("%d,%d,%d\n",sizeof(a),sizeof(b),sizeof(c));
    printf("%x,%x,%x\n",a,b,c);
    printf("%p,%p,%p\n",a,b,c);          //以十六进制显示指针
    printf("%d,%d,%d\n",a,b,c);
    return 0;
}
```

程序运行结果，如图 6-3 所示。

```
4,4,4
61ff03,61fefc,61fef0
0061FF03,0061FEFC,0061FEF0
6422275,6422268,6422256
```

图 6-3 地址值示例程序运行结果

注意：

数组名是常量，不能自加、自减或重新赋值，指针变量可以自加、自减或重新赋值。

例如：

char a[10],*b,x=5;

a++;   或   a=100;   a=x;   ×(编译出错)

b++;   或   b=100;   b=x;   √(编译不出错)b=x 实际上不行

指针变量可以通过变量说明语句或赋值语句进行初始化。可以把指针变量初始化为 0、NULL 或某个地址。具有 NULL 或 0 值的指针不指向任何变量(空值指针)。NULL 是在 stdio.h 中定义的符号常量。值 0 是唯一能够直接赋给指针变量的整数值。

以下是常见的典型错误,大家需特别注意。

(1) 指针变量定义后,未指向具体存储单元就使用(此时指针变量所指单元是任意的)。

(2) 指针变量定义后,虽指向具体存储单元但未赋值就参加运算(此时其值是任意的)。

例如,分析以下句子的错误:

int *p,*q; q=p;		p 指向?	(错误类型 1)
int a=20,*p,*q=&a;	*p=*q;	p 指向?	(错误类型 1)
int a,*p,*q;q=&a;	*p=*q;	*q=?	(错误类型 2)

注意:

在指针 p 指向某个实体的地址之前,不可对*p 进行赋值,否则可能发生意想不到的错误(p 随便指向某个单元)。

6.1.3 指针变量的运算

1. 与指针有关的运算符

(1) 取地址运算符&。&是单目运算符,其功能是取出操作对象在内存单元的地址,其结合性为自右向左,不能用于表达式、地址、常量和寄存器类变量。

若有 int a; 则&a 为变量 a 的地址。

(2) 指针运算符*。*是单目运算符,其功能是访问操作对象所指向的变量。

若有 int *p,a=5;p=&a;,则*p 代表变量 a 的值 5。

若有 int *p, a[3]={1,2,3}; p=a;,则*p 代表数组元素 a[0]的值 1。

若有 int *p, a[3]= "abcd"; p=a;,则*p 代表 a 中的首字符'a'。

注意:

一般情况下,以&为开头的是地址,以*开头的是变量值。在&与*组合使用时,&和*可以看作互相"抵消"。

若有:

int a, *p; p=&a;

则

&*p== &a == p;
*&a == a == *p;

2. 指针变量的运算

(1) 指针变量的算术运算只有加、减两种,如 p+5、p++、p-1、p--等。注意:加减运算是以实体为单位,而不是以字节为单位。

此外,两个指针变量可以相减,即如果两个指针变量指向同一数组,两个指针变量值之差是两个指针之间的元素个数。但两个指针变量相加并无实际意义。

(2) 指针的关系运算。指针变量指向同一个对象(如数组)的不同单元地址时，才可以进行比较。地址在前者为小。任何指针变量或地址都可以与 NULL 作相等或不相等的比较，如 if(p==NULL)等。

6.1.4　指针变量作为函数参数

指针变量可以作为函数的参数，当形参为指针变量时，对应实参一定是一个地址或指针。同样，当实参是一个指针变量时，形参一定是一个指针变量，其类型与实参的类型相同。实参和形参之间是"地址传递"。下面用例子加以说明。

【例6-3】求以下程序的运行结果。

```c
#include <stdio.h>
void fun(int *i)
{   static int a=1;
    *i+=a++;
}
int main()
{   int k=0;
    fun(&k);
    fun(&k);
    printf("%d\n",k);
    return 0;
}
```

分析：第一次调用 fun(&k)后，k=*i=1,a=2;。第二次调用 fun(&k)后，k=*i=3,a=3;。
程序运行结果：

3

讨论：如果 fun()函数中没有 static，则运行结果为 2。

6.2　指针与数组

指针与数组是 C 语言中很重要的两个概念，它们之间有着密切的关系。用户利用两者间的关系，可以增强处理数组的灵活性，加快运行速度。指针变量可以指向一维数组，也可以指向多维数组。但在概念上和使用上，多维数组的指针比一维数组的指针要复杂一些。本节着重介绍指针与一维数组、指针与二维数组之间的联系，并举例说明数组指针在编程中的应用。

6.2.1　指针与一维数组

数组是一个线形表，被存放在一片连续的内存单元中。当一个指针变量被初始化成数组名时，就说明该指针变量指向了数组，即数组首地址，也是数组第一个元素的地址。C 语言对数组的访问是通过数组名(数组的起始地址)加上相对于起始地址的相对量(由下标变量给出)，得到要访问的数组元素的单元地址，然后再对计算出的单元地址的内容进行访问。

例如：

    int a[10],*p; p=a;

或

    p=&a[0];

数组名 a 代表数组首地址，即 a 等于&a[0]，a+i 等于&a[i]，*a 相当于*(a+0)，等于 a[0]，*(a+i)等于 a[i]。

指针变量 p 等于数组 a 的首地址。p 是变量，并不固定表示首地址，p=a 只是特例，可以重新赋值。可以用 p+i 表示数组元素 a[i]的地址，如 p+5，即&a[5]。可以用 p[i]、*(p+i)或*(a+i)表示数组元素 a[i]。

实际上，编译系统将数组元素的形式"<数组名>[<下标表达式>]"转换成"*(<数组名>＋<下标表达式>)"，如 a[i]转换成*(a+i)，然后才进行运算。整个式子计算结果是一个内存地址，最后的结果为：*<地址>=<地址所对应单元的地址的内容>。由此可见，C 语言对数组的处理，实际上是转换成指针地址的运算。

讨论：如果 p=&a[2]，那么 p+1 和 p+2 指向何处？

【例 6-4】求下列程序的运行结果。

```
#include <stdio.h>
int main()
{   int *p,a[12]={1,2,3,4,5};
    for (p=a;*p<5;p++)
        printf("%d",*p);
    return 0;
}
```

程序运行结果：

1234

6.2.2 行指针与列指针的关系

指针变量可以指向一维数组，也可以指向多维数组。任何能由数组下标完成的操作，都可以用指针来实现。下面以二维数组为例加以说明。

在二维数组中，数组名 a 是第 0 行的行指针(行地址)，a+1 是下一行的首地址，a+i 是第 i 行的地址的首地址。即把二维数组视为由若干个一维数组组成的话，这里的 1 是二维数组中一维数组的字节长度，即一行的字节长度。

在二维数组中，一维数组名 a[i]是列指针(列地址)，a[i]+1 指向 a[i]的下一个数组元素的地址，这里的 1 是一个数组元素的字节长度。

行指针与列指针的关系，如图 6-4 所示。

图 6-4 行指针与列指针的关系

二维数组 a 的行地址、列地址和值的表示形式，如表 6-2 所示。

表 6-2 二维数组 a 的行地址、列地址和值的表示形式

表示形式	说明
&a[0][0]	第 0 行第 0 列元素地址，指向列
a	第 0 行的首地址，指向行
a+i	第 i 行的首地址，指向行
&a[i]	第 i 行的首地址，指向行
*a	第 0 行第 0 列元素地址，指向列
*(a+i)	第 i 行第 0 列元素地址，指向列
*(a+i)+j	第 i 行第 j 列元素地址，指向列
a[i]	第 i 行第 0 列元素地址，指向列
a[i]+j	第 i 行第 j 列元素地址，指向列
&a[i][j]	第 i 行第 j 列元素地址，指向列
**a	a[0][0]的值
*(a[i]+j)	a[i][j]的值
((a+i)+j)	a[i][j]的值
a[i][j]	a[i][j]的值

6.2.3 遍历二维数组

遍历二维数组可以用单下标，也可用双下标。例如，二维数组 int a[3][4];，数组名 a 代表数组首地址，是常量，不可重新赋值。

二维数组首地址有多种表示法，如 a、a[0]、&a[0]、*a、&a[0][0]，有的是行指针，有的是列指针。

单下标是指把二维数组元素按行顺序排列成一个队列，然后用一个下标(单循环)即可遍历整个二维数组各元素。双下标是指把按行列二维排列，然后用两个下标(两重循环)遍历整个二维数组各元素。

【例6-5】用双下标遍历二维数组,求下列程序的运行结果。

```
#include <stdio.h>
int main()
{   int i,j,a[3][4]={1,2,3,4,5,6,7,8,9,10,11,12};
    int *p;                              /*警告指针不匹配*/
    for(i=0;i<3;i++)
        for(j=0;j<4;j++)
            printf("%d ",*(*(a+i)+j));   /*不能改成*(*(p+i)+j) */
    return 0;
}
```

程序运行结果:

1 2 3 4 5 6 7 8 9 10 11 12

讨论:因为数组名 a 代表行性质的指针,而 p 是列性质的指针,两个指针性质不同互不兼容,所以 a 不能赋值给 p, a 也不能用 p 替换,可将 p 定义为行性质的指针(将在下一节介绍),则才能把 a 赋值给 p。

【例6-6】求下列程序的运行结果。

```
#include <stdio.h>
int main()
{   int a[3][4]={1,2,3,4,5,6,7,8,9,10,11,12},*p;
    p=a[0]+2;              /*或 p=&a[0][0]+2*/
    printf("%d\n",*p);
    return 0;
}
```

程序运行结果:

3

讨论:若将 p=a[0]+2 改为 p=a+2,此时有警告指针类型不兼容,但仍可运行。a+2 表示第 2 行的首地址,所以结果为:9。但不要这样使用,指针赋值时要类型一致或兼容。警告信息如下:

[Warning] assignment from incompatible pointer type [enabled by default]

【例6-7】用单下标遍历二维数组,求下列程序的运行结果。

```
#include <stdio.h>
int main()
{   int a[3][4]={1,2,3,4,5,6,7,8,9,10,11,12};
    int *p,i;
    p=a[0];               /*改 p=a,警告指针不匹配*/
    for(i=0;i<12;i++,p++)
```

```
        printf("%d ",*p);
    return 0;
}
```

程序运行结果:

```
1 2 3 4 5 6 7 8 9 10 11 12
```

对二维数组 int a[3][4],*p;，p 表示列指针，p+i 是表示数组中第 i+1 个元素的地址。所以，在二维数组中普通指针的 p+i 与 a+i 含义是完全不同的。p+i 是把二维数组元素按一维排列成一行后第 i+1 个元素的地址。

6.2.4 指向行数组的指针变量

指向行数组的指针变量在对应二维数组时也称为指向一维数组的指针变量，二维数组可看作由多个一维数组组成，每一行可看作一个一维数组，行指针即指向某一行并按行移动，其定义的语法格式为：

```
int (*p)[n];
```

含义：p 为指向含有 n 个元素的一维数组的指针变量。

说明：指针变量 p 不是指向整型变量，而是指向一个包含 n 个元素的一维数组。p 的增值以一维数组的长度为单位。如果 p=a[0]，则 p++ 不是指向 a[0][1]，而是指向 a[1]。

若有：

```
int a[4][5];
int (*p)[5];
p=a; 或 p=&a[0];
```

则

```
(*p)[0]=a[0][0];
(*p)[1]=a[0][1];
(*p)[2]=a[0][2];
    …
(*(p+1))[0]=a[1][0];
(*(p+1))[1]=a[1][1];
    …
```

事实上，有 (*(p+ i))[j]=p[i][j]= * (*(p+ i)+j)=a[i][j];。

【例 6-8】 求下列程序的运行结果。

```
#include <stdio.h>
int main()
{   int a[3][3]={1,2,3,4,5,6,7,8,9};
    int (*p)[3],i,j;
```

```
        p=a;
        for(i=0;i<3;i++)
            for(j=0;j<3;j++)
                printf("%d ",*(*(p+i)+j));
}
```

程序运行结果：

1 2 3 4 5 6 7 8 9

6.3 指针与字符串

字符串存放在字符数组中，在对字符数组中的字符逐个处理时，前面介绍的指针与数组之间的关系完全适用于字符数组。本节着重介绍指向字符串的指针、字符数组和字符指针变量的区别。

6.3.1 指向字符串的指针

字符数组是用来存放字符串的数组，在内存中占用一段连续的单元。字符数组的元素个数是确定的，循环处理时用下标对数组中的元素进行访问。字符串的结束标志是'\0'，循环处理时用结束标志'\0'结束循环。

【例6-9】求下列程序的运行结果。

```
#include <stdio.h>
int main(){
    char *pc="#Fujian##Province#";
    while (*pc)
    {   while(*pc=='#') pc++;
        if (*pc=='\0') break;
        printf("%c",*pc);
        pc++;
    }
    printf("\n");
    return 0;
}
```

程序的运行结果：

FujianProvince

【例6-10】字符数组与字符指针使用上的区别。

使用字符数组的程序：

```c
#include <stdio.h>
int main()
{   char *p,a[12]="abcde";
    p=a;
    for (;*p;p++)
        printf("%c",*p);
    return 0;
}
```

程序运行结果:

abcde

使用字符指针的程序:

```c
#include <stdio.h>
int main()
{   char *p;
    p="abcde";          /* 指针 p 被赋值 */
    for (;*p;p++)
        printf("%c",*p);
    return 0;
}
```

程序运行结果:

abcde

6.3.2 字符数组和字符指针变量的区别

字符数组和字符指针变量的主要区别表现在以下 3 点。

1. 存储格式不同

如果定义了一个字符数组,在编译时为它分配内存单元,那么它有确定的地址。字符数组存放的是整个字符串。字符数组由若干个数组元素组成,每个数组元素中存放一个字符。而定义一个字符指针变量时,给指针变量分配内存单元,在其中可以放一个字符变量的地址。字符指针变量存放的是字符串首地址(第一个字符的地址),而不是整个字符串。例如:

```c
char *p, str[10];
p = str;
scanf("%s", p);
```

字符数组 str 有确定的地址,字符指针 p 有确定值(p 指向 str 数组的首元素),然后输入一个字符串,把它存放在以该地址开始的若干单元中。

2. 性质不同

字符数组名 str 是地址常量，不能改变，只能指向字符串首地址。字符指针 p 是地址变量，可以改变，指向不同的字符。例如，str++ 是错误的，但允许出现 p++。

3. 赋初值方式不同

对于字符数组初始化，只能对各个元素赋初值：

char str[14] = {"I love you!"};

不能等价于：

char str[14];
str = "I love you!";   /*对数组名赋值是错误的*/

而对于字符指针变量，可采用如下赋初值：

char *a = "I love you!";

等价于：

char *a;
a = "I love you!";

赋值给 a 的是字符串第一个元素的地址。

6.4 指针作为函数参数

函数的参数可以是普通变量、数组元素变量、指针变量，也可以是数组。当函数的参数是普通变量或数组元素变量时，实参和形参之间的传递是单向的值传递，只能由实参向形参传递。调用完被调函数之后，系统为其分配的内存单元会被释放。当函数的参数是指针变量或数组名时，实参和形参之间的传递是双向的地址传递。指针能使被调函数返回上一个结果。在实际编程中，绝大多数情况下函数参数是传递指针(地址传递)。

6.4.1 值传递与地址传递

在 C 语言中，将变量名作为实参和形参，这时传给形参的是变量的值，传递是单向的。如果在执行函数期间，形参的值发生变化，并不传回给实参，是单向的"值传递"。因为在调用函数时，形参和实参不是同一个存储单元。

当数组元素作为函数的实参时，对应的形参是变量，与变量作实参一样，数组元素的值被传递到系统为形参变量分配的临时存储单元中，是单向的"值传递"。

指针变量在作为函数参数时，形参是指针变量，实参是一个变量的地址；在调用函数时，形参(指针变量)指向实参变量单元，通过形参指针可以改变实参的值，是双向的"地址传递"。

当数组名作函数的实参时,传递的是实参数组的首地址,对应的形参用来接收从实参传递过来的实参数组的地址。形参得到该地址后也指向同一数组。因此,实参向形参传递数组名实际上就是传送数组的地址,是双向的"地址传递"。

6.4.2 地址传递方式

归纳起来,如果要把一个实际参数的起始地址传递到另一个函数中,实参和形参的表示形式可以有 4 种情况,如表 6-3 所示。

表 6-3 地址传送方式

传送方式	主调函数中实参	被调函数中形参	说明
1	数组名 a	数组名 b	其本质都是将数组名 a 或指针变量 p 所代表的数组首地址,传给形参首地址 b 或 x
2	指针变量 p(p=a)	指针变量 x	
3	数组名 a	指针变量 x	
4	指针变量 p(p=a)	数组名 b	

【例 6-11】在主函数中输入待升序排序的 10 个数,调用冒泡排序函数 sort,输出排序结果。

传送方式 1:实参为数组名 a,形参为数组名 b。程序如下:

```
#include <stdio.h>
void sort(int b[],int n)
{   int i,j,t;
    for (i=0;i<=n-2;i++)
        for (j=0;j<=n-2-i;j++)
            if (b[j]>b[j+1])
            {   t=b[j];
                b[j]=b[j+1];
                b[j+1]=t;
            }
}
int main()
{   int a[10]={54,15,7,9,8,16,34,24,67,19};
    int i;
    sort(a,10);
    for(i=0;i<=9;i++)
        printf("%4d",a[i]);
    return 0;
}
```

传送方式 2:实参为指针变量 p,形参为指针变量 x。程序如下:

```
#include <stdio.h>
```

```
void sort(int *x,int n)
{   int i,j,t;
    for (i=0;i<=n-2;i++)
        for (j=0;j<=n-2-i;j++)
            if (x[j]>x[j+1])
            {   t=x[j];
                x[j]=x[j+1];
                x[j+1]=t;
            }
}
int main()
{   int a[10]={54,15,7,9,8,16,34,24,67,19};
    int i,*p;
    p=a;
    sort(p,10);
    for(i=0;i<=9;i++)
        printf("%4d",a[i]);
    return 0;
}
```

讨论：如何修改为后两种传送方式？

6.5 指针与函数

可以用指针变量指向一个函数。指向函数的指针变量，也称函数指针。与变量指针不同的是，函数指针不是指向变量，而是指向函数。函数都有返回类型，返回指针值的函数，也称指针函数，指针函数返回的值是一个地址值。本节着重介绍指向函数的指针和返回指针值的函数。

6.5.1 指向函数的指针变量

在编译时，一个函数被分配一个"入口地址"。指向函数的指针变量的值就是函数的入口地址。定义格式：

类型标识符 (*指针变量名)();

例如：int (*p)();指向一个返回整型值的函数。
用法：设有函数 fun(a,b)，令 p=fun;，则有(*p)(a,b)，相当于 fun(a,b);。此时，c=(*p)(a,b)与 c=fun(a,b)等效。
函数指针有两个用途：调用函数和作为函数的参数。

6.5.2 返回指针值的函数

返回指针值的函数，也称指针函数。函数都有返回类型，指针函数返回的值是一个地址值。在主调函数中，函数返回值必须用同类型的指针变量来接收。定义格式：

类型名 *函数名(函数参数列表);

其中，后缀运算符括号()表示这是一个函数，其前缀运算符星号*表示此函数为指针型函数，其函数值为指针，即它的返回值的类型为指针(地址)。"(函数参数列表)"中的括号为函数调用运算符，在调用语句中，即使函数不带参数，其参数表的一对括号也不能省略。例如，

int *a(int,int) ;

由于*的优先级低于()的优先级，因而，a 先和后面的()结合，也就意味着，a 是一个函数，即：

int *(a(int, int));

然后再和前面的*结合，说明这个函数的返回值是整型指针。

返回类型可以是任何基本类型和复合类型。返回指针值的函数的用途十分广泛。事实上，每一个函数即使自身不带有返回某种类型的指针，其本身都有一个入口地址，该地址相当于一个指针。比如函数返回一个整型值，实际上也相当于返回一个指针变量的值，不过这时的变量是函数本身而已，而整个函数相当于一个"变量"。

【例6-12】返回指针值的函数。

```c
#include <stdio.h>
   float *find(float(*p)[4],int n);//函数声明
   int main()
   {   static float score[][4]={{83,72,70,68},{86,89,75,67},{94,63,76,85}};
       float *p1;
       int i,m;
       printf("Enter   NO.1-3:");
       scanf("%d",&m);
       printf("the score of NO.%d are:\n",m);
       p1=find(score,m-1);
       for(i=0;i<4;i++)
           printf("%5.2f\t",*(p1+i));
       return 0;
   }
   float *find(float(*p)[4],int n)/*定义指针函数*/
   {   float *pt;
       pt=*(p+n);
       return(pt);
   }
```

上述程序中共有 3 个学生的成绩，函数 find()被定义为指针函数，其形参 p 是指向包含 4 个元素的一维数组的指针变量。p+n 指向 score 的第 n+1 行。*(p+1)指向第一行的第 0 个元素。pt 是一个指针变量，它指向浮点型变量。main()函数中调用 find()函数，将 score 数组的首地址传给 p。

6.6 指针数组与多级指针

数组元素全为指针的数组称为指针数组。指针数组中的元素都具有相同的存储类型、指向相同数据类型的指针变量，存放于一个地址。可以将一个指针变量的内存地址再赋值给另一个指针变量，即指向指针的指针，称为多级指针。

6.6.1 指针数组

一维指针数组的定义形式为：

类型名 *数组名[数组长度];

例如，定义 char *p[5];，其中[ ]比*优先级高。

功能：定义字符数组 p[5]，其每个元素 p[0]、p[1]、p[2]、p[3]、p[4]都是字符指针变量。

一维指针数组通常用于指向一组字符串。此时，对于 p[i]，其下标表示第 i 个字符串，p[i]本身是第 i 个字符串的首地址。

【例 6-13】求下列程序的运行结果。

```
#include <stdio.h>
int main()
{   char *str[]={"AA","BB","CC"};
    str[1]=str[2];
    printf("%s,%s,%s\n",*str,str[1],*(str+2));
    return 0;
}
```

程序运行结果：

AA，CC，CC

本例中，str[i]是指向第 i 行的指针变量，等效于* (str+i)。

指针数组可以作为函数的参数使用，使用方式与普通数组类似。指针数组一般用于处理二维数组，比较适合用来指向若干个字符串，使字符串处理更加方便、灵活。

指针数组的一个典型应用是带参数的主函数，形如：

int main(int argc, char* argv[])

第 1 个参数 argc 的类型为 int 型，表示字符串的数量，即 argc=1+用户字符串数目，操作系统负责计算数量。例如，用户字符串为 2，则 argc=3。

第 2 个参数 argv 为操作系统存储的字符串数组，即多个字符串，有如下情况：
- argv[0]=可执行文件名称，例如 test.exe。
- argv[1]=用户字符串 1。
- argv[2]=用户字符串 2。

【例 6-14】已知 TEST.C 的源程序如下：

```
#include <stdio.h>
int main(int argc,char *argv[ ])
{   while (argc>1)    printf("%s ",argv[--argc]);
    printf("\n");
}
```

将该文件编译后，在 DOS 命令提示符下输入命令：test abc 123。该程序运行结果是什么？

注意：输入时用空格隔开 3 个字符串，第 1 个字符串 test 表示 test.c 源程序编译后的可执行文件 test.exe，后面的 abc 和 123 才是用户字符串。

程序运行结果：

```
123 abc
```

分析：执行时，argc 的值为 3(输入命令 test abc 123 共计 3 项)。

| argv[0]= "test" | argv[1]= "abc" | argv[2]= "123" |

【例 6-15】以下程序经过编译连接后得到的可执行文件名为 echo.exe，在 DOS 提示符下输入(　　)，则在屏幕上将显示 My computer。

```
#include <stdio.h>
int main(int argc,char *argv[])
{   int i;
    for (i=1;i<argc;i++)
        printf("%s%c",argv[i],(i<argc-1)?' ':'\n');
}
```

　　A. My computer　　　　　　　　　B. echo My computer
　　C. Mycomputer　　　　　　　　　　D. main(My computer)

答案：B

分析：执行时，argc 的值为 3，从命令行输入 echo My computer 共计 3 项，如表 6-4 所示。

| argv[0]= "echo" | argv[1]= "My" | argv[2]= "computer" |

表6-4 主函数的两个参数分析

字符指针数组	字符串	数组大小
argv[0]	echo	
argv[1]	My	argc=3
argv[2]	computer	

6.6.2 多级指针

以二级指针为例，二级指针是指向一级指针的指针，用来存储某个指针变量的内存地址，一般形式为：

> 类型标识符 **指针变量名;

例如：int **p 等效于 int *(*p)。p 前面有两个 * 号。*运算符的结合性是从右到左的。因此，**p 相当于*(*p)，*p 是指针变量的定义形式。在引用时，*p 是 p 间接指向的对象的地址，**p 是 p 间接指向的对象的值。

如果有 char **p;，可以分为两部分看：char *和(*p)，后面的(*p)表示 p 是指针变量，前面的 char *表示 p 是指向 char * 型的数据。也就是说，p 指向一个字符型指针变量(这个字符型指针变量指向一个字符型数据)。如果引用*p，就得到 p 所指向的字符指针变量的值。

【例6-16】以下程序的运行结果是(   )。

```
int main()
{   char aa[ ][3]={'a','b','c','d','e','f'};
    char (*p)[3]=aa;   int i;
    for(i=0;i<2;i++)
        if(i==0) aa[i][i+1]=**(p++);
    printf("% c\n",**p);
    return 0;
}
```

  A. a   B. b   C. c   D. d

答案：D

说明：行指针 p 实际上是一个二级指针，*p 相当于取行首地址，**p 相当于取行首元素的值。因为*和++优先级相同，且均为自右向左结合，所以**(p++)和**p++一样，均表示选取**p 值，然后 p++(转到下一行)。本程序运行后，数组 aa 的值为{'a','a','c','d','e','f'}

【例6-17】以下程序段输出结果是什么？

```
int **pp,*p,a=20,b=30;
pp=&p;p=&a;p=&b;
printf("%d,%d\n",*p,**pp) ;
```

程序运行结果：

30, 30

6.7 习题

6.7.1 选择题

1. 若有定义 char *p,ch; 则不能正确赋值的语句组是(   )。
   - A. p=&ch
     scanf("%c",p);
   - B. p=(char *)malloc(1);
     *p=getchar();
   - C. *p=getchar();
     p=&ch;
   - D. p=&ch;
     *p=getchar();

2. 如果有定义语句 char *a, b[30];，则正确的是(   )。
   - A. a="abcde";
   - B. b="abcde";
   - C. scanf("%s",a);
   - D. scanf("%s",&b);

3. 若有说明：int *p,m=5,n;，则正确的是(   )。
   - A. p=&n; scanf("%d",&p);
   - B. p=&n; scanf("%d",*p);
   - C. scanf("%d",&n); *p=n;
   - D. p=&n; *p=m;

4. 若有说明：int *p1,*p2,m=5,n;，则正确的是(   )。
   - A. p1=&m; p2=&p1;
   - B. p1=&m; p2=&n; *p1=*p2;
   - C. p1=&m; *p2=*p1;
   - D. p1=&m; p2=p1;

5. 若有以下定义和语句，且 0≤i＜4，0≤j＜3，则不能访问 a 数组元素的是(   )。

   int i, (*p)[3],a[ ][3]={1,2,3,4,5,6,7,8,9,10,11,12};
   p=a;

   - A. *(*(a+i)+j)
   - B. p[i][j]
   - C. (*(p+i))[j]
   - D. p[j]+j

6. 定义一个函数实现交换 x 和 y 的值，并将结果正确返回。能够实现此功能的是(   )。
   - A. swapa(int x,int y)
     { int temp;
       temp=x; x=y; y=temp;
     }
   - B. swapb(int *x,int *y)
     { int temp;
       temp=x; x=y; y=temp;
     }
   - C. swapc(int *x,int *y
     { int temp;
       temp=*x; *x=*y; *y=temp;
     }
   - D. swapd(int *x,int *y)
     { int *temp;
       temp=x; x=y; y=temp;
     }

7. 已知函数定义如下，主调函数中有 int a=1,b=0;，可以正确调用此函数的语句是(   )。

```
float fun(int x,int y)
{   float z;
    z=(float)x/y;
    return(z);
}
```

   A. printf("%f",fun(a,b));   B. printf("%f",fun(&a,&b));
   C. printf("%f",fun(*a,*b));   D. 调用时发生错误

6.7.2 程序运行题

1. 以下程序运行后，程序运行结果：_____

```
int main()
{   int a,b=10,*p;
    p=&b;
    a=*p+3;
    printf("a=%d,b=%d\n",a,b);
}
```

2. 以下程序运行后，程序运行结果：_____

```
int main()
{   float x,y;
    float *p;
    x=3.14;
    p=&x;
    y=*p;
    printf("y=%f\n",y);
}
```

3. 以下程序运行后，程序运行结果：_____

```
int main()
{   char a[3][10]={"abc","123456","ABCDE"};
    char (*p)[10];
    p=a;
    printf("%s,%s\n",p+1,*(p+1));
    printf("%c,%c,%c\n",*(*(p+1)),*(*(p+2)+1),(*(p+2))[1]);
}
```

6.7.3 填空题

1. 函数 mystrlen(char *s)的功能是求字符串 s 的长度。

```
int mystrlen(char *s)
{   ____①____
    t=s;
    while( ____②____ ) t++;
    return( ____③____ );
}
```

2. fun()函数将字符串 s1 中出现在字符串 s2 中的字符删除。例如，s1 串为"Travel gives us a worthy and improving pleasure"，s2 串为"aeiou"，结果："Trvl gvs s wrthy nd mprvng plsr"。

```
#include <stdio.h>
#include <string.h>
fun(char *s1, ____①____ )
{   char *p1=s1,*p2;
    while (*s1)
    {   p2=s2;
        while(*p2 &&(*p1!=*p2))   p2++;
        if (*p2=='\0') ____②____ ;
        *s1=*(++p1);
    }
    ____③____ ;
}

int main()
{   char s1[80]="Travel gives us a worthy and improving pleasure",s2[80]="aeiou";
    fun(s1,s2);
    printf("%s\n",s1);
    return 0;
}
```

第 7 章

结构体和共用体

C 语言中有丰富的系统预定义的基本数据类型,如整型、浮点型和字符型等,这些基本数据类型一般只能描述简单的数据,如整数、实数、字符。数组可以存放一组相同数据类型的数据(数组元素)。在实际应用中,经常需要处理一些复杂的数据。例如,学生数据用来描述学生的基本情况,包括学号、姓名、性别、年龄、通信地址等。其中,学号可为整型或字符型,姓名为字符型,性别为字符型,年龄为整型,通信地址为字符型。这样的一组数据中各个成员的类型和长度都不尽相同,显然不能用数组的形式来存放。本章将介绍用户自定义数据类型,包括结构体类型、共用体类型、枚举类型及 typedef 的应用。

【学习目标】
1. 掌握结构体和共用变量的定义、初始化和引用。
2. 掌握结构体数组和指针的定义及应用。
3. 熟悉枚举类型和枚举变量的定义、初始化及引用。
4. 了解用 typedef 进行数据类型的自定义。

【重点与难点】
掌握结构体和共用变量、结构体数组的应用。

7.1 结构体

数组中各元素的数据类型相同。如果一组数据具有不同的数据类型,则无法用数组存储。为了解决这个问题,C 语言给出了另一种构造数据类型,即结构体(Structure),相当于其他高级语言中的记录。结构体由若干成员组成,成员可以是一个基本数据类型或者是一个构造类型。如同在说明和调用函数之前要先定义函数一样,结构体类型也必须先定义后使用。

7.1.1 定义结构体类型

在数据库技术中,建立一个库文件的步骤是:先建空表(表头),后输入记录。同一记录的不同字段可以为不同的类型、不同的长度。

结构体是用户选定的各种类型数据的集合。建立一个结构体类似于数据库中建立表头，同一结构体中的成员可以具有不同的数据类型。结构体的关键字为 struct，其基本形式如下：

```
struct 结构体名            /*结构类型标识符*/
{   …
    类型标识符  成员名;     /*成员列表*/
    …
};                        /*分号不能省略*/
```

结构体类型占用的内存长度等于各成员项长度之和。在实际应用中，可以用 sizeof 测试结构体变量占用内存空间的大小。

字节对齐的细节和编译器实现相关，但一般而言，需满足以下 3 个准则。

(1) 结构体变量的首地址能够被其最宽基本类型成员的大小所整除。

(2) 结构体每个成员相对于结构体首地址的偏移量(Offset)都是成员大小的整数倍，如有需要，编译器会在成员之间加上填充字节(Internal Adding)。

(3) 结构体的总大小为结构体最宽基本类型成员大小的整数倍，如有需要，编译器会在最末一个成员之后加上填充字节(Trailing Padding)。

【例 7-1】定义一个名为 student 的结构体类型。

```
#include <stdio.h>
int main()
{   struct student
    {   int number;
        char name[6];
        char sex;
        int age;
        char address[20];
    };
    printf("%d\n",sizeof(struct student));
    return 0;
}
```

程序运行结果：

36

结构体各成员的长度如表 7-1 所示。

表 7-1 结构体各成员的长度

number	name[6]	sex	age	Address[20]	总长度
4	6	1	4	20	35

注意，表 7-1 结构体各成员的长度和为 4+6+1+4+20=35。例 7-1 在 Dev C++环境下，结构

体的总大小 36，为结构体最宽基本类型 int 成员大小的整数倍。

结构体类型的特点如下。

(1) 结构体成员的类型必须是已有定义的类型，允许为基本类型(整型、字符型、实型)、指针类型、数组类型、已定义的另一种结构体等其他构造类型。

(2) 成员≠变量，成员名可以与变量名同名。定义成员时不分配内存，定义变量时需要分配内存。

(3) 在定义结构体类型时，系统不会为该结构体分配内存(只是定义类型，而非变量声明)。

7.1.2 定义结构体变量

结构体类型的作用是定义结构体变量。例 7-1 中结构体类型 struct student 相当于标准数据类型关键字 char, int ,float…。

例如：int a,b,c; 定义 3 个整型变量，每个变量占 4 个字节，可单独赋值。

struct student a,b,c; 定义 3 个结构体类型变量，每个变量下有若干成员。

定义结构体类型变量的方法有以下 3 种。

(1) 先定义结构体类型，再定义结构体类型变量：

```
struct 结构体名
{ …
};
struct 结构体名  变量名 1，变量名 2，…，变量名 n;
```

例如：

```
struct student
{   int num;
    char name[20];
    char sex;
    float score;
};
struct student s1,s2;
struct student a,b[30],*p;
```

其中，s1、s2、a 为 struct student 类型的变量，b 为 struct student 类型的数组，p 为指向 struct student 类型的指针变量。

在实际使用中，还可以采用以下形式：

```
#define STU   struct student
STU s1,s2;
```

(2) 在定义结构体类型的同时，定义结构体类型变量：

```
struct 结构体名
{…
```

}变量名1，变量名2，…，变量名n;

例如：

```
struct student
{   int num;
    char name[20];
    char sex;
    float score;
} s1,s2;
```

(3) 直接定义结构体类型变量：

```
struct
{…
}变量名1，变量名2，…，变量名n;
```

例如：

```
struct
{   int num;
    char name[20];
    char sex;
     float score;
} s1,s2;
```

第3种方法与第2种方法的区别在于，第3种方法省去了结构类型名，因此所定义的结构类型不能在程序中多次使用，通用性不强。

结构体类型和结构体变量的几点说明如下。

- 结构体类型的结构可以根据需要设计出许多不同的结构体类型。
- 类型与变量是不同的概念。只能对结构体变量中的成员赋值。在编译时，类型不分配存储空间。
- 结构体成员也可以是一个结构体，即构成了嵌套的结构。例如：

```
struct date
{   int month;
    int day;
    int year;
};
struct
{   int num;
    char name[20];
    char sex;
    struct date birthday;
    float score;
```

}　boy1,boy2;

首先定义一个结构体类型 date，由 month(月)、day(日)、year(年)3 个成员组成。再定义一个结构体类型，其中的成员 birthday 被说明为 data 结构类型。
- 成员名可与程序中其他变量同名，互不干扰。

7.1.3　结构体变量的引用

定义结构变量后，即可访问其中的每一个成员。结构成员可以像基本变量那样使用，如赋值、输入、输出、参加表达式的计算等，这些操作统称为对结构成员的访问。

1. 结构成员的引用

结构变量是由 n 个成员聚合而成的一个整体，要访问其中的一个成员，必须同时给出整体的名称和成员的名称。可以用圆点(成员运算符)引用结构体成员变量。例如 s1.name，表示结构变量 s1 中的 name 成员。点运算符(.)在所有运算符中优先级别最高，表示 name 从属于 s1。

2. 成员运算符

在结构成员表示上用到两种成员运算符：.和->。
- .作用在结构变量(含数组元素)上，其左操作数是结构变量名(或数组元素)，右操作数是成员名。
- ->作用在结构指针上，其左操作数是结构指针名，右操作数是成员名。

先假设有如下定义：

struct Student s1, s2[30], *s3=&s1;

s1 是结构变量，用来存放单个学生的信息。
s2 是结构数组，该数组包含 30 个类型是 struct Student 的成员。
s3 是结构指针，存放 struct Student 类型数据对象 s1 的内存首地址。
(1) 结构变量成员的表示。语法格式为：

结构变量名.成员名

例如：如上所定义的结构变量 s1，其成员 number、age 分别表示为 s1.number、s1.age。
(2) 结构数组元素成员的表示。语法格式为：

结构数组名[下标表达式].成员名

例如：以上所定义的结构数组 s2，s2[5].name 表示 s2 的第六个元素(结构变量)之 name 成员。
(3) 结构指针成员的表示。语法格式为：

结构指针名 ->成员名

例如：如上所定义的结构指针变量 s3，s3->name 表示结构指针 s3 所指向的结构变量 s1 的 name 成员。

3. 嵌套结构的结构成员的表示

结构成员本身又是结构变量,称为嵌套结构。必须使用若干个成员运算符来连接多个结构变量及其对应的分量,逐级表示到最低一级成员,该级成员是可以直接访问的基本数据对象。

语法格式为:

结构变量名.结构变量名….成员名

例如:boy1.birthday.year 表示 boy1 中的 birthday 的 year 成员(year 是嵌套结构中的最低一级成员,也是基本数据对象)。

4. 结构变量成员的引用

结构变量的成员可以像普通变量一样进行各种运算,如赋值、输入、输出、计算及地址操作等。例如:

```
s1.num=11001      /*对 s1 变量中的 number 成员赋值*/
scanf("%d", &s1.sex)
/*将 s1 变量中的 sex 的地址作为参数传递给 scanf 函数,以输入 sex 的值*/
boy1.birthday.year++;
/*引用 boy1 变量中的 birthday 中的 year 值,并对其进行自加操作*/
```

7.1.4 结构体变量的初始化和赋值

一个结构体变量可以通过 3 种方法获得值。

(1) 定义结构体变量时初始化各成员。结构体变量的初始化格式为:

struct 结构体类型名 结构体变量名={成员初始化值列表}

【例 7-2】定义结构体变量时初始化各成员。

```
#include <stdio.h>
int main()
{   struct
    {   char name[15];
        char Class[12];
        long num;
    } stu={"Wenli","Computer 1",202007113};
    printf("%s\n%s\n%d\n",stu.name,stu.class,stu.num);
    return 0;
}
```

程序运行结果:

Wenli
Computer 1

202007113

(2) 用赋值语句对各成员分别赋值。可以用赋值语句对结构体成员逐个赋值,也可通过 scanf 语句对结构体成员逐个输入数据。

【例 7-3】若有以下定义,则正确的赋值语句为(   )。

```
struct complex
{   float real;
    float image;
};
struct value
{   int no;
    struct complex com;
} val1;
```

    A. com.real=1;　　　　　　　　　B. val1.complex.real=1;
    C. val1.com.real=1;　　　　　　　D. val1.real=1;

答案:C

【例 7-4】求以下程序的运行结果。

```c
#include <stdio.h>
int main()
{   struct
    {   char name[15];
        char class[12];
        long num;
    } stu={"Wenli","Computer 1",202007113};
    stu.name[0]='P';
    stu.class[2]='A';
    stu.num=1111;
    printf("%s,%s,%d\n",stu.name,stu.class,stu.num);
    return 0;
}
```

程序运行结果:

Penli,CoAputer1,1111

【例 7-5】用 scanf 语句对各成员分别赋值。

```c
#include <stdio.h>
int main()
{   struct
    {   char name[15];
        char class[12];
```

```
        long num;
    } stu;
    scanf("%s",stu.name);
    scanf("%s",stu.class);
    scanf("%ld",&stu.num);
    printf("%s,%s,%ld\n",stu.name,stu.class,stu.num);
    return 0;
}
```

执行时输入：

Wenli<CR>Computer<CR>202007113<CR>　　(<CR>表示按 Enter 键)

程序运行结果：

Wenli, Computer,202007113

也可用以下赋值语句：

strcpy(stu.name, "Wenli");
strcpy(stu.class, "Computer");
stu.num=202007113;

注意：

不能将结构体变量作为一个整体进行输入和输出。如对结构体变量 stu，以下语句是错误的：

scanf("%s,%s,%ld",stu);
printf("%s,%s,%ld",stu);

对多级结构体，只能对最低级的成员进行赋值、存取及运算处理。

(3) 同类型的结构体变量间相互赋值。可以将一个结构变量作为一个整体赋给另一个具有相同类型的结构变量，其作用相当于逐个对位于赋值语句左部的结构变量的每个分量赋值。也可以把一个结构变量中的内嵌结构类型成员赋给另一个结构变量的对应的内嵌结构类型成员，例如：

boy2.birthday=boy1.birthday;

【例 7-6】 同类型的结构体变量间相互赋值。

```
#include <stdio.h>
int main()
{   struct
    {   char name[15];
        char class[12];
        long num;
```

```
    }   stu1,stu2={"Wenli","Computer 1",202007113};
    stu1=stu2;           /*同类型的结构体变量的赋值*/
    printf("%s\n%s\n%d\n",stu1.name,stu1.class,stu1.num);
    return 0;
}
```

7.1.5 结构体数组

所谓结构体数组，是指数组中的每个元素都是一个结构体，此时每个结构体数组元素都有若干"成员"。在实际应用中，结构体数组常被用来表示一个拥有相同数据结构的群体，比如一个班的学生、一个车间的职工等。

假如要定义一个班级 50 个学生的姓名、性别、年龄和住址，可以定义成一个结构数组。定义结构体数组和定义结构体变量的方式类似，可以在定义结构体的同时定义结构体数组；也可以先定义结构体，然后定义结构体数组。例如：

```
struct
{   char name[8];
    char sex[2];
    int age;
    char addr[40];
} stu[40];
```

也可定义为：

```
struct student
{   char name[8];
    char sex[2];
    int age;
    char addr[40];
};
struct student stu[40];
```

需要指出的是，结构体数组成员的访问是以数组元素为结构体变量的，其形式为：

结构体数组元素.成员名;

例如：stu[0].name，stu[30].age。

【例 7-7】结构体数组使用示例。

```
#include <stdio.h>
#include<string.h>
struct student
{   int num;
    char name[20];
    char sex;
```

```
        int age;
        float score;
        char addr[30];
};
int main()
{   int i;
    struct student stu[3]={{10101,"LinFang",'F',18,87.7,"beijing road"},
                    {10102,"ChenZe",'M',17,81.3,"shanghai road"},
                    {10103,"WangLei",'F',48,92.9,"shenzhen road"}};
    for(i=0;i<3;i++)
    { printf("%d %s %c %d %1f %s\n",stu[i].num,stu[i].name,stu[i].sex,
    stu[i].age,stu[i].score,stu[i].addr);
    }
    return 0;
}
```

7.1.6 指向结构体类型的指针

一个结构体变量的指针就是该变量所占据的内存段的起始地址。

1. 定义结构体类型的变量的指针

定义结构体指针的语法格式:

struct 结构体类型名 *结构体指针名;

例如:

struct student *p;

定义一个 strcut student *类型的指针变量 p,则该指针 p 可指向 strcut student 结构体类型的变量。

2. 结构体指针的初始化

可以赋予结构体指针一个已存在的、基类型相同的结构体变量的地址,也可赋予空地址(NULL)。例如: 若有

struct student stu;
struct student *p;
p=&stu;

定义一个 strcut student *类型的指针变量 p,并把 strcut student 类型的变量 stu 的地址赋值给 p,则 p 指向 stu。

3. 通过指针引用结构体变量成员

在 7.1.3 节中已经介绍了结构指针成员的表示: 结构指针名->成员名。用(*结构指针名).成员名也可以表示结构指针成员。例如,以下 3 种形式等价:

stu.age　　(结构体变量名.成员名)
(*p).age　(*指针变量名.成员名)
p->age　　(指针变量名.成员名)

结构体指针可以参加运算，例如求 p->age++ 等效于(p->age)++，先得到成员值，再使它加 1；++p->age 则等效于++(p->age)，先使成员值加 1，再使用之。

4．指向结构数组的指针

可以定义一个结构体指针指向一个结构体数组，例如：

struct student　 stu[5],*p;
p=stu;

此时指针变量 p 的值为结构体数组 stu 的首地址。且 p++ 表示移到结构体下一个数组元素而非下一个成员。(++p)->age 表示 p 先自加 1(移到结构体下一数组元素处)，然后取成员值。(p++)->age 表示先取 p->age 的值，然后 p 自加(移到结构体下一数组元素处)。

如果有 struct student *p;，此时 p 存放结构体变量指针，不可指向数组元素，如 p=&stu.age；如果需要指向数组元素，应另设普通指针变量，如 int *p1;p1=&stu.age。

【例 7-8】求以下程序的运行结果。

```
#include <stdio.h>
int main()
{ struct demo
    { int a;
      char *b;
    } *p;
  static struct demo x[2]={10,"abcd",30,"ABCD"};
  p=x;
  printf("%d,",p->a);
  printf("%c\n",*(++p)->b);
  return 0;
}
```

如图 7-1 所示，p 指针指向 x 数组，即指向数组中第一个元素 x[0]，所以 p->a 的值为 10，而*(++p)->b 中++p 为前缀型，先让 p=p+1，即 p 的指针指向 x[1]，然后取*(p)->b 的值以%c 的格式输出，则输出 ABCD 字符串的第一个字符 A。则程序运行结果：

10，A

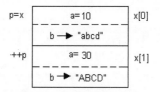

图 7-1　指向数组的指针

7.2 共用体

与结构体相似,共用体也称联合体,是一种用户自己定义的构造型数据,其成员也可以具有不同的数据类型。但共用体将几种不同的数据项存放在同一段内存单元中,所以,每一时刻只能有一个成员占用分配给该共用体的内存空间(新进旧出)。该共用体的数据长度等于最长的成员长度。

7.2.1 定义共用体类型

定义共用体的格式和结构体相似,定义共用体类型的语法格式:

```
union [共用体类型名]        /*union 共用体类型名合称"共用类型标识符"*/
{   …
    类型标识符   成员名;    /*成员列表*/
    …
};                          /*分号不能省略*/
```

例如:

```
union data
{   int i;
    char ch;
    float p;
};
```

7.2.2 共用体变量的声明

共用体类型的作用就是用来定义共用体变量。共用体类型 union data 相当于标准数据类型关键字 char、int、float……。

定义共用体类型变量的方法有 3 种。

(1) 先定义共用体类型,再定义共用体类型变量:

```
union 共用体名
{   …
};
union 共用体名   变量名1,变量名2,…,变量名n;
```

例如:

```
union student
{   int num;
    char name[20];
    char sex;
```

```
    float score;
};
union student stu1,stu2;
union student a,b[30],*p;
```

其中，stu1、stu2、a 为 union student 类型的变量，b 为 union student 类型的数组，p 为指向 union student 类型的指针变量。

实际使用中，还可以使用以下形式：

```
#define STU    union student
STU stu1,stu2;
```

(2) 在定义共用体类型的同时，定义共用体类型变量：

```
union 共用体名
{…
}变量名 1,变量名 2,…, 变量名 n;
```

例如：

```
union student
{   int num;
    char name[20];
    char sex;
    float score;
} stu1,stu2;
```

(3) 直接声明共用体类型变量：

```
union
{…
}变量名 1,变量名 2,…, 变量名 n;
```

例如：

```
union
{   int num;
    char name[20];
    char sex;
    float score;
} stu1,stu2;
```

7.2.3 共用体变量的引用

共用体变量引用的几点说明如下：

(1) 共用体结构体相同，只能引用其成员变量，不能引用共用体变量本身。例如，printf("%d",data.i);是正确的，printf("%d",data);是错误的。

(2) 不能对共用体变量赋值，不能初始化，不能作为函数参数。
(3) 允许两个同类型共用体之间相互赋值。
(4) 可通过指针引用。

【例 7-9】求以下程序的运行结果。

```c
#include <stdio.h>
#include<string.h>
int main()
{   union un
       {  int i;
          char ch[6];
          long s;
       };
    struct st
       {  union un u;
          float score[3];
       };
    printf("%d\n",sizeof(struct st));
    return 0;
}
```

程序运行结果：

20

注意：在 Dev C++环境下，结果为 20，而不是 18。

在结构中各成员有各自的内存空间，一个结构体变量的总长度是各成员长度之和。而在共用体中，各成员共享一段内存空间，一个共用体变量的长度等于各成员中最长的长度。

为了提高 CPU 的存储速度，VC 对一些变量的起始地址做了"对齐"处理。在默认情况下，VC 规定各成员变量存放的起始地址相对于起始地址的偏移量必须为该变量的类型所占用的字节数的倍数。各成员变量在存放的时候根据在结构中出现的顺序依次申请空间，同时按照上面的对齐方式调整位置，空缺的字节 VC 会自动填充。同时 VC 为了确保结构的大小为结构的字节边界数(即该结构中占用最大空间的类型所占用的字节数)的倍数，所以在为最后一个成员变量申请空间后，还会根据需要自动填充空缺的字节。

例 7-9 中共用体 u 所占字节大小必须满足两个条件：①大小足够容纳最宽的成员；②大小能被其包含的所有基本数据类型的大小所整除。所以，成员 i 需要 4 个字节，成员 ch 数组需要 6 字节，成员 s 需要 4 字节，因此至少需要 6 字节的空间，但 6 不是其他成员所需 4 字节的倍数，因此补充 2 个字节，共 8 个字节，这样即符合所有成员的自身对齐。

而 sizeof(struct st)求结构体的字节数，根据上述规定，进行如下分析。

- union un u; //偏移量为 0，满足对齐方式，u 占用 8 个字节。
- float score[3]; //下一个可用的地址的偏移量为 8，是 sizeof(float)=4 的倍数，满足 float

的对齐方式，所以不需要 VC 自动填充，score[3]存放在偏移量为 8 的地址上，它占用 12 个字节，所以 8+12 等于 20 个字节。

【例 7-10】 求以下程序的运行结果。

```
#include <stdio.h>
int main()
{   union example
    {   struct
        {   int x;
            int y;
        } in;
        int a[2];
    } e={0,0};
    e.a[0]=1;   e.a[1]=2;
    printf("%d,%d\n",e.in.x,e.in.y);
}
```

程序运行结果：

1，2

注意：e.in.x 与 e.a[0]、e.in.y 与 e.a[1]共用同一存储单元。

7.3 枚举类型

所谓枚举，是指将变量的值一一列举出来，变量的值只限于列举出来的值的范围内。枚举在日常生活中很常见，例如表示星期的 SUNDAY、MONDAY、TUESDAY、WEDNESDAY、THURSDAY、FRIDAY、SATURDAY。

在 C 语言中，枚举是一个被命名的整型常数的有穷集合。枚举类型也是用户自定义的数据类型，用此类型声明的变量只能取指定的若干值之一。

7.3.1 定义枚举类型

枚举类型的关键字是 enum，定义枚举类型的基本形式如下：

enum 枚举类型名{枚举常数 1, 枚举常数 2,…, 枚举常数 n};

例如，

enum color{red,yellow,blue,while,black};
enum weekday{Sun,Mon,Tue,Wed,Thu,Fri,Sat};

其中 enum 为系统保留字，声明要定义一个枚举类型。枚举类型名是用户定义的标识符，给定义中的枚举类型命名。枚举值表是给出该类型的值域，即列出该类型的所有可能取值，每个值都是一个命名的整型常量，类似于整型的符号常量，称为枚举常量或枚举元素。若没有指定各枚举常量对应的整数值，就按 C 语言默认方式取值。

例如：enum weekday{Sun,Mon,Tue,Wed,Thu,Fri,Sat};中的 Sun,Mon,…, Sat 对应的值分别为 0,1,…,6，亦即 enum weekday 的值域为{0,1,2,3,4,5,6}。如果将 enum weekday 的定义改为 enum weekday{Sun=7,Mon=1,Tue,Wed,Thu,Fri,Sat};，则 sun 对应于 7，Mon 对应于 1，Tue 对应于 2，……，Sat 对应于 6。

7.3.2 枚举型变量的声明

定义枚举类型后，则可以用该类型来定义枚举变量，即先定义枚举类型，再定义枚举变量。例如：

```
enum color{red,yellow,blue,while,black};
enum color a,b,c;
```

也可在定义类型时同时声明枚举型变量：

```
enum color{red,yellow,blue,while,black} a,b,c;
```

注意：

枚举元素为有值常量,默认为 0,1,2,3,…,但定义时不能将 enum color{red,yellow,blue,while,black};写成 enum color{0,1,2,3,4};，也不能对元素直接赋值，如 red=3;，应先进行强制类型转换才能赋值，但可在定义时改变其值。

【例 7-11】求以下程序的运行结果。

```
#include <stdio.h>
int main()
{   enum color{red,green=4,blue,white=blue+10};     printf("%d,%d,%d\n",red,blue,white);
    return 0;
}
```

程序运行结果：

0, 5, 15

【例 7-12】以下正确的枚举类型定义是(   )。

　　A. enum a={"sun","mon","tue"};
　　B. enum b{sun=7,mon=-1,tue};
　　C. enum c{7,1,2};
　　D. enum d{"sun","mon","tue"};
　　答案：B

7.3.3 枚举型变量的引用

枚举型变量的取值只能在枚举型定义的值域内，并且一次只能取一个值。例如，枚举类型变量 a 的值只能取 red、yellow、blue、while、black 这 5 个值之一。假设 a=red，但不能直接将整形数据赋值给枚举型变量，应先进行强制类型转换才能赋值。再假设 a=0 不合法，而 a=(enum color)0 则合法。

【例 7-13】枚举型变量用于判断比较输出处理。

```
#include <stdio.h>
int main()
{   enum cn{red,green=4,blue,white=blue+10}a;
    printf("Color No=");
    scanf("%d",&a);
    if (a==red)   printf("%s\n","red");
    else printf("%s\n","not red");
    return 0;
}
```

执行程序：

Color No=0
red

如果输入为其他数字，则输出 not red。

7.4 typedef

C 语言允许用户使用 typedef 关键字定义自己习惯的数据类型名称，来替代系统默认的基本类型名称、数组类型名称、指针类型名称与用户自定义的结构体类型名称、共用体类型名称、枚举型名称等。只要用户在程序中定义了自己的数据类型名称，就可以在该程序中用自己的数据类型名称来定义变量的类型、数组的类型、指针变量的类型与函数的类型等。

使用 typedef 为已有的数据类型创建别名，定义易于记忆的类型名，可提高程序可读性，但未建立新的数据类型。

7.4.1 typedef 的用法

定义类型别名的语法格式为：

typedef　数据类型名　新别名

功能：对已存在的数据类型指定一个新的类型别名，类型别名习惯上用大写。

对于简单的变量声明，使用 typedef 来定义一个新的别名意义不大，但在比较复杂的变量声明中，typedef 的优势较为明显。

typedef 的主要用法有如下 5 种情况。

(1) 为基本数据类型定义新的类型名。例如，若有 typedef float REAL;，则 REAL a,b; 相当于 float a,b;。

系统默认的所有基本类型都可以利用 typedef 关键字来重新定义类型名，例如，可以定义一个浮点类型的 REAL，当跨平台移植程序时，只需要修改 typedef 的定义即可，而不用对其他源代码做任何修改。

```
typedef long double REAL;
typedef double REAL;
```

再如，使用 typedef 关键字定义一个简单的布尔类型：

```
typedef int BOOL;
#define TRUE 1
#define FALSE 0
```

有了以上定义，就可以像使用基本类型数据一样使用它：

```
BOOL bflag=TRUE;
```

(2) 为复杂的自定义数据类型(结构体、共用体和枚举类型)定义简洁的类型名称。以一个名为 Point 的结构体为例：

```
struct Point
{   double x;
    double y;
    double z;
};
struct Point P1={100，100，0};      /*定义结构体变量 P1、P2  */
struct Point P2;
```

如果利用 typedef 定义这个结构体，则：

```
typedef struct Point
{   double x;
    double y;
    double z;
} MyPoint;
```

或

```
typedef struct Point MyPoint
```

则有：

```
MyPoint P1={100，100，0};
```

MyPoint P2;

(3) 为数组定义简洁的类型名称。定义方法与为基本数据类型定义新的别名方法一样，例如：

typedef char STR[80];
STR s;

相当于 char s[80];，用 STR 定义字符型数组 s，s 有 80 个元素。

注意：

typedef 与#define 的区别是，#define 只作简单替换(预编译时)，typedef 不是简单替换(编译时处理)。

(4) 为指针定义简洁的类型名称。若有 typedef float *PF;，则 PF p;相当于 float *p;，用 PF 定义实型指针变量 p。

(5) 为函数定义简洁的类型名称。若有 typedef char FCH();，则 FCH a;相当于 char a();，用 FCH 定义返回值为字符型的函数 a。

7.4.2 typedef 应用示例

【例 7-14】若有语句组 typedef int AR[5]; AR a;，则 a 是一个(　　)。
    A. 新类型　　　　B. 整型变量　　　　C. 整型数组　　　　D. 变量名
答案：C

【例 7-15】若有定义：typedef int * INTEGER;INTEGER p;，则下面叙述正确的是(　　)。
    A. p 是与 INTERGE 相同的类型
    B. p 是一个整形变量
    C. 程序中可用 INTEGER 定义 int 类型指针变量
    D. 程序中可用 INTEGER 定义 int 类型变量
答案：C

7.5 习题

7.5.1 选择题

1. 有定义如下：

```
struct sk
{   int a;
    float b;
}data ,*p;
```

如果 p=&data;，则对于结构变量 data 的成员 a 的正确引用是(　　)。

  A. (*p)->a   B. (*p).a   C. p->data.a   D. p.data.a

2. 已知：

```
struct
{   int i;
    char c;
    float a;
}test;
```

则 sizeof(test)的值是(　　)。

  A. 4   B. 7   C. 9   D.12

3. 已知：

```
struct st
{   int n;
    struct st *next;
};
static struct st a[3]={1,&a[1],3,&a[2],5,&a[0]},*p;
```

要使语句 printf("%d",++(p->next->n));显示的是 2，则 p 的赋值是(　　)。

  A. p=&a[0];   B. p=&a[1];

  C. p=&a[2];   D. p=&a[3];

4. 已知：

```
struct person
{   char name[10];
    int age;
}class[10]={"LiMing",29,"ZhangHong",21,"WangFang",22};
```

值为 72 的表达式是(　　)。

  A. class[0]->age + class[1]->age+ class[2]->age

  B. class[1].name[5]

  C. person[1].name[5]

  D. class->name[5]

5. 有以下程序段：

```
struct dent
{   int n;
    int *m;
};
int a=1,b=2,c=3;
struct dent s[3] = {{101,&a},{102,&b},{103,&c} };
struct dent *p=s;
```

则以下表达式中值为 2 的是(   )。

  A. (p++)->m   B. *(p++)->m   C. (*p).m   D. *(++p)->m

6. 有以下说明语句，则对结构变量 pup 中 sex 域的正确引用是(   )。

```
struct pupil
{   char name[20];
    int sex;
}pup,*p;
p=&pup;
```

  A. p.pup.sex   B. p->pup.sex   C. (*p).pup.sex   D. (*p).sex

7. 以下对结构变量 stu1 中成员 age 的非法引用是(   )。

```
struct student
{   int age;
    int num;
}stu1,*p;
p=&stu1;
```

  A. stu1.age   B. student.age   C. p->age   D. (*p).age

8. 已知：

```
union
{   int i;
    char c;
    float a;
}test;
```

则 sizeof(test) 的值是(   )。

  A. 4   B. 5   C. 6   D. 7

9. 已知：

```
union mm
{   int i;
    char ch;
    float a;
}temp;
temp.i=266;
```

则 printf("%d",temp.ch); 的结果是(   )。

  A. 266   B. 256   C. 10   D. 1

10. 已知 enum week{sun,mon,tue,wed,thu,fri,sat}day;，则正确的赋值语句是(   )。

  A. sun=0;   B. sun=day;   C. sun=mon;   D. day=sun;

11. 已知 enum color{red,yellow=2,blue,white,black}ren;，执行下述语句的输出结果是(   )。

```
printf("%d",ren=white);
```

    A. 0   B. 1   C. 3   D.4

12. 已知 enum name{zhao=1,qian,sun,li}man;，执行下述程序段后的输出结果是(　　)。

```
man=0;
switch(man)
{   case 0: printf("People\n");break;
    case 1: printf("Man\n"); break;
    case 2: printf("Woman\n"); break;
    default: printf("Error\n");
}
```

    A. People   B. Man   C. Woman   D. Error

13. 下述关于枚举类型名的定义中，正确的是(　　)。

    A. enum a={one,two,three};   B. enum a{one=9,two=-1,three};

    C. enum a={"one","two","three"};   D. enum a{"one","two","three"};

14. 若有以下类型说明，则叙述正确的是(　　)。

```
typedef struct
{   int num;
    char *name;
    int score;
}STU,*PSTU;
```

    A. STU 是变量名

    B. PSTU 是变量名

    C. PSTU 是指向结构体类型 STU 的指针类型名

    D. 类型说明语句有错误

15. 以下程序的输出结果是(　　)。

```
typedef union
{   long x[2];
    int y[4];
    char z[8];
}MYTYPE;
MYTYPE them;
int main()
{   printf("%d\n",sizeof(them));
    return 0;
}
```

    A. 32   B. 16   C. 8   D. 24

7.5.2 填空题

1. 已知：

```
struct description
    {   int len;
        char *str;
    };
struct description s[ ]={{0, "abcdef"},{1,"ABCDEF"}};
struct description *p=s;
```

求下列表达式的值。

(1) ++p->len   (提示：->的优先级高于++)

(2) p->len++

(3) (++p)->len

(4) (p++)->len

(5) ++*p->str   (提示：->的优先级高于++和*)

(6) *p->str++   (提示：++和*同一级别，右结合)

(7) (*p->str)++

(8) *p++->str

(9) *++p->str

(10) *(++p)->str

表达式的值为：

(1)_____ (2)_____ (3)_____ (4)_____ (5)_____
(6)_____ (7)_____ (8)_____ (9)_____ (10)_____

2. 在以下程序中输入学生姓名，查询其学习成绩。查询可连续进行，直到输入为 0 时结束。

```
#include <stdio.h>
#include <string.h>
struct student
{   int no;
    char name[8];
    int score;
};
_____①_____ stu[ ]={{10,"Tom",90},{11,"Jerry",80},{12,"Harold",70}};
int main()
{   char str[10]; int i;
    do
    {   printf("Enter a name:");
        scanf("%s",str);
        for (i=0;i<3;i++)
            if (_____②_____)
```

```
        {   printf("No:%d\n",stu[i].no);
            printf("Name:%s\n",_____③_____);
            printf("Score:%d\n",stu[i]. score);
            break;
        }
        if (i>=3) printf("Not Found\n");
    }while (strcmp(str,"0")!=0);
return 0;}
```

7.5.3 编程题

有 N 个学生的数组存放于结构数组 a 中，每个学生记录由学号 num 和成绩 score 组成。编写程序，使其实现：

(1) main 中输入 N 个学生的学号及成绩。

(2) 设计函数 fun()，用于统计 N 个学生的平均成绩 aver。

(3) main 中输出平均值 aver，以及成绩大于等于平均值的每位学生记录(包含学号、成绩)。

```
#include <stdio.h>
#define N 8
struct stu
{   int num;
    float score;
};
```

第8章

文 件

输入/输出(Input/Output，I/O)是指程序(内存)与外部设备(键盘、显示器、磁盘、其他计算机等)进行交互的操作。几乎所有的程序都有输入与输出操作。所谓输入，就是从"源端"获取数据，而输出可以理解为向"终端"写数据。这里的源端可以是键盘、鼠标、硬盘、扫描仪等，终端可以是显示器、硬盘、打印机等。在 C 语言中，把这些输入和输出的设备也看作"文件"，因此，掌握了 C 文件操作，实质上也就掌握了对输入/输出设备的控制。

文件是程序设计中的一个重要概念。从用户的角度看，文件可分为普通文件和设备文件两种。

普通文件是指驻留在磁盘或其他外部介质上的一个有序数据集，可以是源文件、目标文件、可执行程序，也可以是一组待输入处理的原始数据，或者是一组输出的结果。源文件、目标文件、可执行程序可以称作程序文件，输入/输出数据可称作数据文件。

设备文件是指与主机相连的各种外部设备，如键盘、显示器、打印机等。在操作系统中，为了统一对各种硬件的操作，简化接口，把不同的外部设备也看作一个文件来进行管理，把它们的输入、输出等同于对磁盘文件的读和写。例如，通常把显示器称为标准输出文件，一般情况下在屏幕上显示有关信息就是向标准输出文件输出，如输出函数 printf、putchar。通常把键盘称为标准输入文件，从键盘上输入就意味着从标准输入文件上输入数据，如输入函数 scanf、getchar。

保存在磁盘中的所有文件都要载入内存才能处理，所有的数据必须写入磁盘文件才不会丢失。本章主要讨论可供 C 程序在执行过程中从磁盘读取数据或写入数据的流式文件，介绍 C 程序中如何创建、打开、读/写、关闭文件。在 C 语言中，文件操作都是由库函数完成。

【学习目标】
1. 了解文件类型的指针，掌握文件建立、打开和关闭的方法。
2. 掌握常用的文件读/写函数。

【重点与难点】
文件的读/写操作。

8.1　C 文件概述

文件是指存储在外部介质上的一组相关数据的有序集合。文件最主要的作用是保存数据。操作系统是以文件为单位对数据进行管理的,也就是说,如果想找存在外部介质上的数据,必须先按文件名找到指定的文件,然后从该文件中读取数据。文件通常是驻留在外部介质(如磁盘等)上的,在使用时才调入内存。

8.1.1　流式文件

从文件的存储方式(编码方式或组织方式)来看,文件可分为 ASCII 码文件(文本文件)和二进制文件两种。

ASCII 文件也称为文本文件,这种文件是按数据的 ASCII 编码方式存放,即在磁盘中存放时,每个字符对应一个字节。ASCII 码文件可在屏幕上按字符显示,例如源程序文件就是 ASCII 文件。由于是按字符显示,因此能读懂文件内容。例如,在 ASCII 文件中,5678 的存储形式为 00110101 00110110 00110111 00111000,显示为字符'5'(53)、字符'6'(54)、字符'7'(55)、字符'8'(56)。

二进制文件是按数据在内存中存储的形式原样存放,即以二进制的编码方式来存放文件的。二进制文件虽然也可在屏幕上显示,但其内容无法读懂。例如,在二进制文件中,数 5678 的存储形式为 00010110 00101110。

C 系统在处理文件时,并不区分类型,无论是文本文件还是二进制文件,一个文件都代表了一系列的字节,看成是字符流,按字节进行处理。输入/输出字符流的开始和结束只由程序控制而不受物理符号(如回车符)的控制,故称"流式文件"。

数据在文件和内存之间传递的过程称为文件流,类似水从一个地方流动到另一个地方。数据从文件复制到内存的过程叫输入流(Input Stream),从程序(内存)保存到文件的过程叫输出流(Output Stream)。当打开一个文件时,该文件就和某个流关联起来。C 语言将计算机的输入/输出设备都看作文件。例如,键盘文件、屏幕文件等。ANSI C 标准规定,在执行程序时系统先自动打开键盘、屏幕、错误 3 个文件和与这 3 种文件并联的流,即标准输入流、标准输出流和标准错误流。流是文件和程序之间通信的通道。例如,标准输入流能够使程序读取来自键盘的数据,标准输出流能够使程序把数据打印到屏幕上。标准输入流、标准输出流和标准错误流是用文件指针 stdin、stdout 和 stderr 操作的。

8.1.2　文件类型 FILE

系统给每个打开的文件分别在内存中开辟一个区域,用于存放文件的有关信息(如文件名、文件位置等),这些信息保存在一个由系统定义的结构体类型的变量中。该结构体类型称为文件类型 FILE。在头文件 stdio.h 中定义的 FILE 如下:

```
typedef struct
{   short level;            /*缓冲区"满"或"空"的程度*/
```

```
    unsigned flags;              /*文件状态标志*/
    char fd;                     /*文件描述符*/
    unsigned char hold;          /*如无缓冲区不读取字符*/
    short size;                  /*缓冲区的大小*/
    unsigned char *buffer;       /*数据缓冲的位置*/
    unsigned char *curp;         /*当前活动指针*/
    unsigned istemp;             /*文件临时指示器*/
    short token;                 /*用于有效性检查*/
} FILE;
```

8.1.3 文件类型指针

在 C 语言中用一个文件指针指向一个文件，通过文件指针可以对它所指的文件进行各种操作。定义文件指针的语法格式为：

```
FILE  *指针变量名;
```

例如：FILE *fp;表示 fp 是指向 FILE 结构的指针变量，通过 fp 即可找到存放某个文件信息的结构变量，然后按结构变量提供的信息找到该文件，实施对文件的操作。习惯上也笼统地把 fp 称为指向一个文件的指针。

8.2 文件的打开与关闭

文件在进行读/写操作之前要先打开，使用完毕要关闭。操作文件的基本步骤如下。
(1) 定义文件类型指针变量。
(2) 打开文件。
(3) 读/写文件。
(4) 关闭文件。

8.2.1 文件的打开

所谓打开文件，就是获取文件的有关信息，例如文件名、文件状态、当前读/写位置等，这些信息会被保存到一个 FILE 类型的结构体变量中。文件的打开操作表示将给用户指定的文件在内存中分配一个 FILE 结构区，并将该结构的指针返回给用户程序，以后用户程序就可以用这个 FILE 指针来实现对指定文件的存取操作。

打开文件的操作通过调用 fopen()函数完成，fopen()函数原型如下：

```
FILE *fopen(char *filename, char *type);
```

其中，filename 是要打开文件的文件名，type 表示对打开文件的操作方式，如表 8-1 所示。

表 8-1 文件的操作方式

序号	文件使用方式	含义
1	rt	只读打开一个文本文件,只允许读数据
2	wt	只写打开或建立一个文本文件,只允许写数据
3	at	追加打开一个文本文件,并在文件末尾写数据
4	rb	只读打开一个二进制文件,只允许读数据
5	wb	只写打开或建立一个二进制文件,只允许写数据
6	ab	追加打开一个二进制文件,并在文件末尾写数据
7	rt+	读/写打开一个文本文件,允许读/写
8	wt+	读/写打开或建立一个文本文件,允许读/写
9	at+	读/写打开一个文本文件,允许读,或在文件末追加数据
10	rb+	读/写打开一个二进制文件,允许读和写
11	wb+	读/写打开或建立一个二进制文件,允许读和写
12	ab+	读/写打开一个二进制文件,允许读,或在文件末追加数据

说明:

(1) 文件使用方式各字符的含义: r(read)读; w(write)写; a(append)追加; +读和写; t (text)文本文件; b (binary)二进制文件。

把一个文本文件读入内存时,要将 ASCII 码转换成二进制码,而把文件以文本方式写入磁盘时,则要把二进制码转换成 ASCII 码,因此文本文件的读/写要花费较多的转换时间。文本文件本质上也是二进制文件,区别仅在于是它保存的是文本信息,如可显示的 ASCII 码等。

(2) 对于文本文件的操作,可直接用 r、w、a、r+方式打开,不需要加字母 t 也可以。

(3) 在用 r 方式打开一个文件时,该文件必须已经存在,且只能从该文件读出,否则将出错,返回 NULL。

(4) 用 a 方式打开一个文件时,该文件必须已经存在,否则将出错,返回 NULL。

(5) 以 w 方式打开的文件,若文件不存在,则会建立该文件;如果文件存在,则会重新建立该文件,覆盖已存在的原同名文件。

(6) 以 a+附加方式打开可读/写的文件,若文件不存在,则会建立该文件;如果文件存在,写入的数据会被加到文件尾后,即文件原先的内容会被保留。

通常需要判断该文件是否打开,如果打开成功,fopen()函数将返回一个 FILE 指针 fp,fp 即代表该文件,其值是文件信息区的起始地址,如果文件打开失败,将返回一个 NULL(0)指针。

文件操作基本形式示例(设文件名为 ABC.txt):

```
int main()
{   FILE *fp;                        /*声明文件指针变量 fp*/
    …
```

```
    if((fp=fopen("ABC.txt ", "wt"))==NULL)          /*判断该文件是否打开*/
    {    printf("打开失败");
         exit(0);
    }                                                /*按指定文件使用方式打开文件*/
    ...                                              /*输入输出读写等*/
    fclose(fp);                                      /*关闭文件*/
    return 0;
}
```

【例 8-1】要打开一个已存在的非空文件"file.txt"用于修改，正确的语句是(　　)。

　　A. fp=fopen("file.txt", "r");　　　　　　B. fp=fopen("file.txt", "a+");
　　C. fp=fopen("file.txt", "w");　　　　　　D. fp=fopen("file.txt", "r+")

答案：D。

分析：函数 fopen 中的第二参数是打开模式，"r"模式是只读方式，不能写文件；"a+"模式是读/追加方式，允许从文件中读出数据，但所有写入的数据均自动加在文件的末尾；"w"模式是写方式，允许按照用户的要求将数据写入文件的指定位置，但打开文件后，首先要将文件的内容清空。"r+"模式是读/写方式，不仅允许读文件，而且允许按照用户的要求将数据写入文件的指定位置，且在打开文件后，不会将文件的内容清空。本题的要求是"修改"文件的内容，因此只能选择答案 D。

8.2.2　文件的关闭

　　文件操作完成后，必须要用 fclose()函数将文件关闭。这是因为对打开的文件进行写入时，若文件缓冲区的空间未被写入的内容填满，这些内容不会写到打开的文件中，只有对打开的文件进行关闭操作时，停留在文件缓冲区的内容才能写到该文件中，从而使文件完整保存。且一旦关闭文件，该文件对应的 FILE 结构将被释放，从而使关闭的文件得到保护。

　　关闭文件就是断开与文件之间的联系，释放结构体变量，同时禁止再对该文件进行操作。文件的关闭也意味着释放了该文件的缓冲区。fclose()函数原型如下：

```
int fclose(FILE *stream);
```

　　它表示该函数将关闭 FILE 指针对应的文件，并返回一个整数值。若成功地关闭了文件，则返回一个 0(NULL)值，否则返回一个非 0 值。

8.3　文件的读/写

　　在 C 语言中，文件有多种读/写方式，可以一个字符一个字符地读取，也可以读取一整行，还可以读取若干个字节。文件的读/写位置也非常灵活，可以从文件开头读取，也可以从中间位置读取。

　　对文件的读和写是最常用的文件操作，ANSI C 提供 4 种读/写文件的方法，通过 4 组函数进行。

(1) 单字符读/写函数：fgetc 和 fputc。
(2) 字符串读/写函数：fgets 和 fputs。
(3) 格式化读/写函数：fscanf 和 fprinf。
(4) 数据块读/写函数：fread 和 fwrite。

使用以上函数都要求包含头文件 stdio.h。

8.3.1 单字符读/写 fputc 和 fgetc 函数

1. fputc 函数

设文件指针变量为 fp，fputc 函数原型如下：

```
int fputc (char ch, FILE *fp);
```

调用格式如下：

```
fputc(ch,fp);
```

功能：将一个字符 ch 写入到指定文件 fp 中。

调用成功，返回写入字符的 ASCII 值(0~255)；调用失败，返回 EOF(即-1)。EOF 是在头文件 stdio.h 中定义的宏。当正确写入一个字符或一个字节的数据后，文件内部写指针会自动后移一个字节的位置。

2. fgetc 函数

设文件指针变量为 fp，fgetc 函数原型如下：

```
int fgetc (File *fp);
```

调用格式如下：

```
ch=fgetc(fp);
```

功能：从指定文件 fp 中读取一个字符 ch，虽然函数被定义为整型数，但仅用其低八位。

调用成功，返回读取字符的 ASCII 值(0~255)；调用失败，返回 EOF(即-1)。

通常可用 while(ch!=EOF) 或 while(!feof(fp))控制读取循环。

注意 fputc 和 fgetc 与 putchar(c)和 c=getchar()的比较。

【例 8-2】单字符读/写 fputc 和 fgetc 函数应用示例。

```
#define NULL 0
#include <stdio.h>
  FILE *fpr,*fpw;
  int main()
  {   char ch;
      if((fpr=fopen("test.txt","rw"))==NULL)
```

```
        {   printf("打开失败");
            exit(0);
        }
        if ((fpw=fopen("abc.txt", "w"))==NULL)
        {   printf("打开失败");
            exit(0);
        }
        ch=fgetc(fpr);
        while (ch!=EOF)
        {   printf("%c",ch);
            fputc(ch,fpw);
            ch=fgetc(fpr);
        }
        fclose(fpr);
        fclose(fpw);
        return 0;
}
```

运行程序，打开两个文件 test.txt 和 abc.txt，查看结果。

将 fpw 打开方式改为"a"后连续运行几次，再查看 abc.txt 的结果。

8.3.2 字符串读/写 fputs 和 fgets 函数

1. fputs 函数

设文件指针变量为 fp，字符串指针为 str，fputs 函数原型如下：

```
int fputs(char *str,FILE *fp);
```

调用格式如下：

```
fputs(str,fp);
```

功能：将 str 所指的字符串写入指定文件 fp 中。

调用成功，返回写入文件的字符个数；调用失败，返回 EOF(即-1)。

2. fgets 函数

设文件指针变量为 fp，字符串指针或字符数组为 str，fgets 函数原型如下：

```
char *fgets(char *str,int n,FILE *fp);
```

调用格式如下：

```
fgets(str,n,fp);
```

功能：从指定文件 fp 中读取 n-1 个字节数据(字符)给字符数组 str，读入 str 中的字符最后加'\0'，使其成为字符串。遇 EOF 即结束。

调用成功，返回读取字符串的首地址；调用失败，返回 NULL。

注意 fputs 和 fgets 与 puts(str)和 gets(str)的比较。

【例 8-3】字符串读/写 fputs 和 fgets 函数应用示例。

```c
#define NULL 0
#include <stdio.h>
FILE *fp;
char *s="123";
int main()
{   char ch;
    clrscr();
    if ((fp=fopen("d:\\tc\\a.dat", "w+")) ==NULL)
    {
        printf("文件打开失败");
        exit(0);
    }
    fgets(s,10,fp);
    puts(s);
    fputs("Hello,",fp);
    fputs("my friends!",fp);
    fclose(fp);
}
```

运行程序，打开文件 a.dat 查看结果。

将 fp 打开方式改为"a+"后连续运行几次，再查看结果。

8.3.3 格式化读/写 fprintf 和 fscanf 函数

fscanf 函数和 fprintf 函数与 scanf 和 printf 函数的功能相似，都是格式化读/写函数。两者的区别在于 fscanf 函数和 fprintf 函数的读/写对象不是键盘和显示器，而是磁盘文件。

1. fprintf 函数

设文件指针变量为 fp，fprintf 函数调用格式如下：

fprintf(fp, 格式控制字符串, 输出列表);

其中，格式控制字符串和输出列表的说明与 printf 函数中的格式控制字符串和输出列表的说明相同。

功能：将输出列表中各表达式的值，按格式控制字符串中指定的格式写到 fp 所指文件中。

例如，fprintf(fp, "%d,%6.2f",a,b);是将变量 a 和 b 按%d 和%f 格式输出到文件 fp*中。注意其与 printf("%d,%6.2f",a,b);的比较。

2. fscanf 函数

设文件指针变量为 fp，fscanf 函数调用格式如下：

fscanf(fp, 格式控制字符串, 输入列表);

其中，格式控制字符串和输入列表的说明与 scanf 函数中的格式控制字符串和输入列表的说明相同。

功能：该函数是从 fp 所指的文件中，按照格式控制字符串规定的输入格式给输入列表中各输入项地址赋值。

例如：fscanf(fp,"%d,%f",&a,&b); 是把读取文件 fp 中的数据送给变量 a、b。注意其与 scanf("%d,%f",&a,&b);的比较。

【例 8-4】 用 scanf 从键盘输入两个学生数据，用 fprintf 把这两个学生的数据写入文件 data.txt 中。

```c
#include <stdio.h>
struct student
{   char name[10];
    int num;
    int age;
    char addr[15];
} stu[2], *p;
int main()
{   FILE *fp;
    int i;
    p=stu;
    if ((fp=fopen("d:\\data.txt","wb+"))==NULL)
    {   printf ("Cannot open file!");
        exit(0);
    }
    printf ("\ninput data\n");
    for (i=0; i<2; i++,p++)         /*从键盘输入两个学生数据，存入数组*/
    {   printf ("\nname:");scanf("%s", p->name);
        printf ("\nnum:");scanf("%d", &p->num);
        printf ("\nage:");scanf("%d", &p->age);
        printf ("\naddr:");scanf("%s",p->addr);
    }
    p=stu;
    for (i=0; i<2; i++,p++)         /*把数组中的两个学生数据写入文件*/
    fprintf(fp," %s %d %d %s\n", p->name, p->num, p->age, p->addr);
    fclose(fp);
    return 0;
}
```

运行结果如图 8-1 和图 8-2 所示。

图 8-1　输入学生数据　　　　　　　图 8-2　写入文件的学生数据

8.3.4　数据块读/写 fwrite 和 fread 函数

1. fwrite 函数

fwrite 函数用来将一个记录(块数据)写入指定文件 fp 中，主要适用于结构体等复杂实体。其函数原型如下：

int fwrite (char *buf, int size, int count, FILE *fp);

调用格式如下：

fwrite(buf,size,count,fp);

功能：把 buf 所指向的数组中的数据写入给定文件 fp 中。

其中，buf 表示实体指针，size 表示字节数，count 表示写入的数据项个数，fp 表示文件指针。调用成功，返回实际写入的数据项个数 count 值。调用失败，返回 0。

注意：

fwrite 函数写到用户空间缓冲区，并未同步到文件中，所以修改后要将内存与文件同步可以用 fflush(FILE *fp)函数同步。

2. fread 函数

fread 函数用来从指定文件 fp 中读取一个记录(块数据)，主要适用于结构体等复杂实体。其函数原型如下：

int fread(char *buf, int size, int count, FILE *fp);

调用格式如下：

fread(buf,size,count,fp);

功能：用来从指定文件 fp 中读取一组数据。

其中，buf 表示实体指针；size 表示字节数；count 表示读取的数据项个数；fp 表示文件指针。调用成功，返回实际读取的数据项个数 count 值。调用失败，返回 0。

说明：

(1) fread 读取的次数 count 要根据实际情况来决定。可以按结构体读或按变量类型读。

如果读取的是 int 值，可以先获得文件大小，然后除以 sizeof(int)；如果读取的是结构体，size=sizeof(struct xxx)，count 是结构体对象的数量，count=文件总大小/size。

(2) fread 读取的是二进制文件。使用 fread 可以一次性把整个二进制文件读取到内存缓冲区当中，此时 size=文件的字节大小，count=1。

(3) fread 也可以一次读取一个字符的数据即 size=1，则读取的次数 count=文件的字节大小。

【例 8-5】将学生数据随机写入文件 d:\data.txt 中。

```
#include <stdio.h>
struct student
{   char name[10];
    int num;
    int age;
    char addr[15];
} stu;
int main()
{   FILE *fp;
    int i;
    if ((fp=fopen("d:\\data.txt","wb+"))==NULL)
    {   printf ("Cannot open file!");
        exit(0);
    }
    printf ("\nEnter num:");;
    scanf("%d", &stu.num);
    while (stu.num!=0)
    {   printf ("Enter name,age,address\n");
        printf ("name:");scanf("%s", stu.name);
        printf ("age:");scanf("%d", &stu.age);
        printf ("addr:");scanf("%s",stu.addr);
        fseek(fp,(stu.num-1)*sizeof(struct student),0);   /*根据学号移动位置指针*/
        fwrite (&stu,sizeof(struct student),1,fp);        /*把学生数据写到文件*/
        printf ("\nEnter num:");
        scanf ("%d",&stu.num);
    }
    fclose(fp);
    return 0;
}
```

8.4 文件的定位

为了对读/写进行控制，系统为每个文件设置了一个文件读/写位置标记，简称位置指针，指向当前读/写的位置，即用来指示接下来要读/写的下一个字符的位置。对流式文件既可进行顺序读/写，也可以进行随机读/写，关键在于控制文件内部的位置指针。若文件位置指针是按字节位置顺序移动的，就是顺序读/写；若能将文件位置指针按需要移动到任意位置，就可以实现随机读/写。实现随机读/写的关键是要按要求移动位置指针，这称为文件的定位。

文件指针和文件内部的位置指针并不等同。文件指针是指向整个文件的，需在程序中定义说明，只要不重新赋值，文件指针的值是不变的。文件打开时文件指针应在文件开始。以 Append 方式打开，文件指针应在文件尾。文件内部的位置指针用以指示文件内部的当前读/写位置，每读/写一次，该指针均向后移动。它无须在程序中定义说明，而是由系统自动设置的。

8.4.1 顺序读/写与随机读/写

文件直接读取就是按顺序读取，因为文件内部有位置指针会随着文件的读取或写入而顺序移动。一般在顺序读/写一个文件时，位置指针指向文件开头，这时对文件进行读/写操作，每读写完一个字符，位置指针会自动下移一个字符位置，以此类推，直至遇到文件尾(最后一个数据之后)，读/写结束。

文件顺序读/写时，位置指针按字节位置顺序移动。编程时，可以根据读/写需要，人为地移动文件的位置指针。所谓随机读/写，是指读/写完上一个字符(字节)后，并不一定要读/写其后续的字符(字节)，而可以读/写文件中任意位置上所需要的字符(字节)。即对文件读/写数据的顺序和数据在文件中的物理顺序一般是不一致的。可以在任何位置写入数据，在任何位置读取数据。C 语言中提供了一些文件定位的操作函数，可以强制改变文件内部的位置指针。

8.4.2 rewind、ftell 和 fseek 函数

rewind、ftell 和 fseek 函数可用于强制改变文件内部的位置指针。

1. rewind 函数

rewind(fp)使 fp 所指文件位置指针回到文件开头，以便从头再读/写。

2. ftell 函数

ftell(fp)得到文件指针在文件中的当前位置，返回值用相对于文件开头的偏移量来表示，单位是字节数，类型为长整型。如果出错，返回-1。例如：

```
if(ftell(fp)==-1L)printf("error\n");        //若调用函数时出错，输出 error
```

3. fseek 函数

fseek 函数用于改变文件的位置指针，一般用于二进制文件，函数原型如下：

fseek(文件指针,位移量,起始点);

起始点可以用 0、1、2 代替。0 表示文件开始位置，1 表示文件当前位置，2 表示文件末尾位置。位移量指以起始点为基点，向前移动的字节数。位移量应是 long 型数据，数字末尾加 L。

例如：fseek(fp,n,i)，其中 fp 是文件指针，n 是偏移量(以起始点为基点，向前移动的字节数，负数为倒移的字节数)，i 是起始点，取值 0，1，2。fseek 的三个起始点如表 8-2 所示。

表 8-2　fseek 的三个起始点

起始点	含义	起始点数字
SEEK_SET	文件开始	0
SEEK_CUR	文件当前位置	1
SEEK_END	文件末尾	2

【例 8-6】以下程序的功能是_____。

```
#include <stdio.h>
int main()
{
    FILE *fp;
    fp=fopen( "file.txt", "r");
    fseek(fp, 0L, SEEK_END );
    printf("%d\n", ftell(fp) );
    return 0;
}
```

答案：求文件长度

8.5　文件的出错检测

在 C 语言中提供了用于检测文件是否出错的相关函数：ferror 函数来检测用各种输入/输出函数进行文件读/写时是否出错；feof 函数用于判断文件是否处于文件结束位置；clearerr 函数用于清除出错标志和文件结束标志。

8.5.1　ferror 函数

ferror 函数是用来检查文件在用各种输入/输出函数进行读/写时是否出错，其调用格式如下：

ferror(fp);

其中，fp 是文件指针。如果函数返回值为 0，表示未出错；如果返回一个非 0 值，表示出错。

对 ferror 函数有以下说明。

(1) 对同一文件，每次调用输入/输出函数，都会产生一个新的 ferror()函数值。因此，在调用一个输入/输出函数后，应立即检查 ferror 函数的值，否则出错信息会丢失。

(2) 在执行 fopen()函数时，系统将 ferror()函数的初始值自动置为 0。

8.5.2 feof 函数

feof 函数是判断文件是否处于文件结束位置，其调用格式如下：

```
feof(fp)
```

其中，fp 是文件指针。如果函数返回值为 0，表示文件位置指针没有位于文件结束处；否则表示文件位置指针位于文件结束处。

8.5.3 clearerr 函数

clearerr 函数用于清除出错标志和文件结束标志，使文件错误标志和文件结束标志置为 0，其调用格式如下：

```
clearerr(fp);
```

其中，fp 是文件指针。该函数将所指定文件的文件错误标志(即 ferror()函数的值)和文件结束标志(即 feof()函数的值)置为 0。

假设在调用一个输入/输出函数时出现错误，ferror()函数值为一个非零值，应立即调用 clearerr(fp);使 ferror(fp)的值变成 0，以便下一次的检测。

对同一文件,只要出现文件读/写错误标志,它将一直保留,直到对同一个文件调用 clearerr()函数或 rewind()函数，或者其他任何一个输入/输出库函数。

8.6 习题

8.6.1 选择题

1. C 语言中标准输入文件 stdin 是指(　　)。
   A. 键盘　　　　　　B. 显示器　　　　　C. 鼠标　　　　　D. 硬盘
2. 当顺利执行了文件关闭操作时，fclose 函数的返回值是(　　)。
   A. -1　　　　　　　B. TRUE　　　　　　C. 0　　　　　　　D. 1
3. fscanf 函数的正确调用形式是(　　)。
   A. fscanf(文件指针, 格式字符串, 输出列表);
   B. fscanf(格式字符串, 输出列表, 文件指针);
   C. fscanf(格式字符串, 文件指针, 输出列表);
   D. fscanf(文件指针, 格式字符串, 输入列表);

4. 使用 fgetc 函数，则打开文件的方式必须是(　　)。
   A. 只写　　　　　B. 追加　　　　　C. 读或读/写　　　D. B 和 C
5. 若 fp 是指向某文件的指针，且已读到该文件的末尾，则函数 feof(fp)的返回值是(　　)。
   A. EOF　　　　　B. -1　　　　　C. 非零值　　　　D. NULL
6. 已知函数 fread 的调用形式为 fread(buffer, size, count, fp)，其中 buffer 代表的是(　　)。
   A. 存放读入数据项的存储区
   B. 一个指向所读文件的文件指针
   C. 存放读入数据的地址或指向此地址的指针
   D. 一个整型变量，代表要读入的数据项总数
7. 标准函数 fgets(s,n,f)的功能是(　　)。
   A. 从文件 f 中读取长度为 n 的字符串存入指针 s 所指的内存
   B. 从文件 f 中读取长度不超过 n-1 的字符串存入指针 s 所指的内存
   C. 从文件 f 中读取 n 个字符串存入指针 s 所指的内存
   D. 从文件 f 中读取长度为 n-1 的字符串存入指针 s 所指的内存
8. 以下程序运行后，屏幕显示 write ok!，下列说法正确的是(　　)。

```
#include <stdio.h>
main()
{   FILE *fp;
    fp=fopen("data.txt","wt");
    if(fp!=NULL)
    {   fprintf(fp, "%s\n", "File write successed!\n");
        fclose(fp);
        printf("write ok!\n");
    }
}
```

   A. 当前工作目录下存在 data.txt 文件，其中的内容是 write ok!
   B. fclose(fp);语句的功能是打开文件
   C. 当前工作目录下一定不存在 data.txt 文件
   D. 当前工作目录下一定存在 data.txt 文件
9. 以下程序的功能是(　　)。

```
#include <stdio.h>
main()
{   FILE *fp;
    long int n;
    fp=fopen("wj.txt", "rb");
    fseek(fp,0,SEEK_END);
    n=ftell(fp);
    fclose(fp);
```

```
        printf("%ld",n);
}
```

  A. 计算文件 wj.txt 的起始地址   B. 计算文件 wj.txt 的终止地址
  C. 计算文件 wj.txt 内容的字节数   D. 将文件指针定位到文件末尾

10. 以下叙述中正确的是( )。
  A. C 语言中的文件是流式文件，因此只能顺序存取数据
  B. 打开一个已存在的文件进行了写操作后，原有文件中的全部数据必定被覆盖
  C. 在一个程序中当对文件进行了写操作后，必须先关闭该文件然后再打开，才能读到第 1 个数据
  D. 当对文件的写操作完成之后，必须将它关闭，否则可能导致数据丢失

8.6.2 填空题

1. 下面程序实现把文件 file1.dat 中的内容复制到一个名为 file2.dat 新的文件中。

```
#include <stdio.h>
FILE    *fp1,*fp2;
int main()
{   char ch;
    if((fp1=fopen("file1.dat",_____①_____))==NULL)
       exit (0);
    if((fp2=fopen("file2.dat",_____②_____))==NULL)
       exit (0);
    while(_____③_____) { ch=fgetc(fp1); fputc (ch, fp2); }
    fclose(fp1);
    fclose(fp2);
    return 0;
}
```

2. 某文件内容为英文，文件名由命令行输入，下面程序对其进行一项英文语法检查，把每个英文句子的第一个字母改为大写。假设每个英文句子仅分别由标点符号.或! 或? 结束，并且每行少于 1000 个英文字母。将修改结果存入文件 C:\DATA\FILE1.TXT 中。

```
#include "stdio.h"
int main(int argc,_____①_____)
{  FILE *fpr,*fpw;
   int i,sentence_end=1;
   char str[1000];
   if (argc<2)
   {   printf("Please input a file name.\n");exit(1);}
   if ((fpr=fopen(argv[1],"r"))==NULL)
   {   printf("Can not open %s.\n",argv[1]);exit(2);   }
```

```
    if ((fpw=fopen(_____②_____,"w"))==NULL)
    {   printf("Can not open C:\DATA\file1.txt.\n");exit(3); }
    while(!feof(fpr))
    {
        fgets(str,1000,fpr);
        for(i=0;i<strlen(str);i++)
        {
            if(sentece_end&&str[i]>='a'&&str[i]<='z')
            {
                str[i]-=_____③_____;
                sentence_end=0;
            }
            if (str[i]=='.'||str[i]=='!'||str[i]=='?')
                sentence_end=1;
        }
        fputs(str,_____④_____);
    }
    fclose(fpr);
    fclose(fpw);
}
```

第 9 章

面向对象基础

C++语言是在 C 语言基础上为支持面向对象程序设计而开发的一个通用的程序设计语言，1980 年由贝尔实验室的本贾尼·斯特劳斯特卢普(Bjarne Stroustrup)博士创建。C++语言包含了整个 C 语言，C 语言是建立 C++的基础。C++语言包含 C 语言的全部特征、属性和优点，同时，C++语言添加了对面向对象编程的完全支持。许多软件公司都为 C++设计编译系统，如 AT&T、Apple、Sun、Borland 和 Microsoft 等，其中较为流行的是 Dev-C++和 Microsoft Visual C++。

Visual C++支持面向对象的程序设计(OOP)方法，支持 MFC(Microsoft Foundation Class)类库编程，有强大的集成开发环境 Developer Studio，可用来开发各种类型、不同规模和复杂程度的应用程序，开发效率很高，生成的应用软件代码品质优良，是专业程序开发人员的首选。

代码重用是提高软件开发效率的重要手段，因此，C++对代码重用有很强的支持，继承就是支持代码重用的机制之一。继承是指可以使用现有类的所有功能，并在无须重新编写原来的类的情况下对这些功能进行扩展。子类会"遗传"父类的属性，从而解决代码重用问题。封装、继承、多态是面向对象技术的三大机制，封装是基础，继承是关键，多态是延伸。继承是关键的一部分，如果我们理解不够深刻，则容易造成程序设计中的不良继承，影响程序质量。

本章主要介绍面向对象基础知识，内容包括 C++编程基础、类的定义、对象的创建、构造函数等。

【学习目标】
1. 掌握类的定义，了解类成员初始化的问题。
2. 理解默认构造函数和拷贝构造函数的意义。
3. 理解类的设计思想。

【重点与难点】
类的定义，类的设计思想。

9.1　C++编程基础

9.1.1　C++编程概述

本节简单介绍一些 C++编程基础知识，包括 C++程序的基本结构、如何定义变量和进行输入/输出等。

C++标准库提供了一组丰富的输入/输出功能，这里仅简单介绍 C++编程中最基本和最常见的 I/O 操作。C++的 I/O 发生在流中，流是字节序列。输入操作是指字节流从设备(如键盘、磁盘驱动器、网络连接等)流向内存；输出操作是指字节流从内存流向设备(如显示屏、打印机、磁盘驱动器、网络连接等)。C++的 I/O 库头文件如表 9-1 所示。

表 9-1　C++的 I/O 库头文件

头文件	函数和描述
<iostream>	该文件定义了 cin、cout、cerr 和 clog 对象，分别对应于标准输入流、标准输出流、非缓冲标准错误流和缓冲标准错误流
<iomanip>	该文件通过所谓的参数化的流操纵器(比如 setw 和 setprecision)，来声明对执行标准化 I/O 有用的服务
<fstream>	该文件为用户控制的文件处理声明服务。笔者将在文件和流的相关章节介绍它的细节

标准输出流(cout)：预定义的对象 cout 是 iostream 类的一个实例。cout 对象"连接"到标准输出设备，通常是显示屏。cout 是与流插入运算符 << 结合使用的。流插入运算符 << 在一个语句中可以多次使用，endl 用于在行末添加一个换行符。

标准输入流(cin)：预定义的对象 cin 是 iostream 类的一个实例。cin 对象附属到标准输入设备，通常是键盘。cin 是与流提取运算符 >> 结合使用的。流提取运算符 >> 在一个语句中可以多次使用。

【例 9-1】求两个整数的和。对比下面的程序 1 与程序 2，注意 C 程序与 C++程序的不同。

程序 1：C 程序，保存为.c 的源程序文件。

```
#include<stdio.h>
int main()
{   int  a,b;
    printf("input a,b=");
    scanf("%d,%d", &a,&b);
    printf("sum=%d\n", a+b);
    return 0;
}
```

程序 2：C++程序，保存为.cpp 的源程序文件。

```cpp
#include <iostream>
using namespace std;
int main()
{   int   a,b;
    cout<<"input a,b=";
    cin>>a>>b;
    cout<<"sum="<<a+b<<endl;
    return 0;
}
```

9.1.2 注释方式

程序的注释是解释性语句，在程序代码中包含注释会提高源代码的可读性。所有的编程语言都允许某种形式的注释，注释中的所有字符都会被编译器忽略。C++支持单行注释和多行注释。

C++单行注释以//开始，到行末为止，形如：

//行注释

C++多行注释以/*开始，以*/终止，形如：

/*   多行注释，本身不能嵌套使用   */

注意：

(1) 在 /* 和 */ 注释内部，// 字符没有特殊的含义。在 // 注释内，/* 和 */ 字符也没有特殊的含义。因此，可以在一种注释内嵌套另一种注释，但不能嵌套同一种注释。

例如，下面这种注释是允许的。

```
/* 用于输出 Hello World 的注释
cout << "Hello World"; // 输出 Hello World
*/
```

(2) 当屏蔽掉大块代码时，需要防止被注释掉的代码段中有嵌套的注释符//或/**/的情况，会导致注释掉的代码区域并不是想要注释掉的区域范围。建议少使用/* */，养成良好编程注释习惯。

【例 9-2】 指出下列哪些输出语句是合法的。

```
cout<<"/*";                  //语句 1
cout<<"*/";                  //语句 2
cout</*"*/";                 //语句 3
cout</*"*/"/*"*/;            //语句 4
```

例 9-2 中的语句 1 和语句 2 正确。

在语句 3 中，由于第 1 个双引号被注释掉，出错，在分号前补上一个双引号变正确，即修改为 cout<</*"*/"*/";。

语句 4 看起来很混乱，实际只是第 1 个双引号和第 4 个双引号被注释掉，正确，但这样的程序风格显然是不好的。

9.1.3 换行符 endl

endl(end of line)，即一行输出结束。endl 与 ostream 的子类 cout 搭配使用，作用是输出一个换行符，并立即刷新缓冲区，功能类似于 C 语言中的\n。

C++中换行符\n 与 endl 略有区别，例如：

```
std::cout << "It's a wonderful life!" << std::endl;        //语句 1
std::cout << "It's a wonderful life!" << "\n"<< std::flush;   //语句 2
```

语句 1 除在标准输出打印出 It's a wonderful life!外，cout 类还要将自己的缓冲区清空，类似 C 的 fflush(stdout)，而语句 2 中的"\n"不会清空输出缓冲区。

由于直接输入/输出和操作系统相关，可能需要切换内核态/用户态，需要一定的时间开销，频繁地进行操作会极大地降低输入/输出的效率，所以标准库对流的输入/输出操作使用缓冲。具体来讲，就是在内存中保存一个大小相对固定的区域(缓冲区)用来储存临时的输入或输出。在必要时，才向系统设备复制缓冲区的内容并清空缓冲区，这个过程称为刷新。

9.2 类和对象

面向过程程序设计存在的问题：

(1) 数据默认公有，易被修改。比如以银行对账户、账目的处理为例，户名和账号银行掌握，易泄密而造成账户的损失。

(2) 数据和数据处理分离，管理不便，结构繁杂。

(3) 代码无法重用。

面向对象程序设计方法通过增加软件的可扩充性和可重用性来提高程序设计者的生产能力，控制软件的复杂性，降低软件维护的开销。将数据与对数据的操作方法放在一起形成对象。对象作为一个整体构成软件系统的基本单元，并从相同类型的对象中抽象出其共性，产生一种新型的数据结构类。

面向对象程序设计的优点：

(1) 与人类习惯的思维方式一致。

(2) 数据和数据处理合一，都封装在类体内，可维护性好。

(3) 代码可重用性好。

面向对象的基本特征是抽象性、封装性、继承和多态性。抽象是指从具体实例中抽取共同的性质加以描述的过程，包括数据抽象和行为抽象。

例如，要在计算机上实现一个绘制圆形的程序。从抽象的算法描述到具体的 C++代码：

数据抽象：
double   x,y,r;   //描述圆的位置和大小(变量)
行为抽象：
setx();sety();setr();draw();   //设置圆心坐标、半径、绘制圆形(成员函数)

可以用 C++语言描述如下：

```
class circle
{   private:
    double   x,y,r;            //描述圆的位置和大小(变量)
    public:
    double setx();
    double sety();
    double setr();
    void draw();               //设置圆心坐标、半径、绘制圆形(成员函数)
}
```

封装就是把客观事物封装成抽象的类，使外界不了解它的详细内情。类向外提供一个可以控制的接口，其内部大部分的实现细节则对外隐藏。类的数据和方法只让可信的类或者对象操作，对不可信的进行信息隐藏，提高程序的安全性，也简化了代码的编写。

封装可以隐藏实现细节，使得代码模块化，继承可以扩展已存在的代码模块(类)，它们都是为了代码重用。而多态则是为了实现接口重用。多态的作用，就是为了类在继承和派生的时候，保证正确调用"家谱"中任一类的实例的某一属性。

9.2.1 类的定义

C++中的类是一种用户自定义的数据类型，是对一组性质相同的对象的程序描述。类是实现 C++面向对象程序设计的基础，是 C++封装的基本单元。类用关键字 class 来创建，类定义包括数据成员的说明和成员函数的原型说明与实现。用类说明的变量，称为类的对象(Object)。

定义 C++类的一般形式如下：

```
class <类名>
{   private:                   //只允许本类的成员函数访问
    [<私有数据成员和成员函数>]
    public:                    //允许程序中的任何函数访问
    [<公有数据成员和成员函数>]
    protected：                //一般只允许本类成员函数访问
    //但在类的继承中对产生的新类影响不同于 private
     [<保护数据成员和成员函数>]
};                             //类体终止点，必须加分号
<各成员函数的实现>
```

说明：

(1) 关键字 private、public 和 protected 用于定义成员的访问权限。如果默认，权限是 private。

(2) 成员函数的实现可以放在类体之内或之外。通常，简单的成员函数一般放在类体内，称内联成员函数。即使放在类体外，成员函数的函数体也是类体的一部分。此时如果要说明为内联函数，可加上关键字 inline，显式内联。

(3) 不能在类定义中对数据成员使用表达式进行初始化。

【例 9-3】student 类的定义。

```
class student
{   char name[8];              //数据成员的说明，默认私有
    char sex;
    int age;
  public:
    void getdata();            //成员函数的原型说明
    void display();
};
void student::getdata()        //成员函数的实现
    {…}
void student::display()
    {…}
```

类是抽象的，在声明类时系统尚未给类的数据成员分配存储空间，因此不能在类的声明中给数据成员赋初值。通常把类的说明放在扩展名为.h 的文本文件中，而将类的成员函数的实现放在扩展名为.cpp 的 C++源文件中。

【例 9-4】Date 类的定义。

```
#include<iostream>
using namespace std;
class Date
{   public:
    int year;
    int month;
    int day;
    void print()
    {   cout<<year<<"/"<<month<<"/"<<day<<endl;
    }                //通常简单的成员函数放在类体内，称内联成员函数
};

int main()
{   Date t;          //创建 Date 类的对象 t
    cin>>t.year;
    cin>>t.month;
    cin>>t.day;
    t.print();
    return 0;
```

}

运行程序，输入：

2020
9
28

输出：

2020/9/28

9.2.2 对象的定义

类是一种用户自定义的数据类型，用类说明的变量称为类的对象。声明一个类只是定义了一种新的数据类型，定义对象才真正创建了这种数据类型的物理实体。

定义对象的格式如下：

<类名>　<对象名表>

例如：

Student s1,s2,stu[10];
Student *p;
Student &s3=s1;

说明：在建立对象时，C++只分配用于保存数据的内存，在内存中的一个公用区中，为每个对象所共享。

访问对象的成员：一旦创建了一个类的对象，程序中就可以用"."来引用类的公有成员。一般形式如下：

<对象名>.<公有数据成员名>
<对象名>.<公有成员函数名(实参表)>

9.3 成员函数

类的成员函数是指那些把定义和原型写在类定义内部的函数，就像类定义中的其他变量一样。类成员函数是类的一个成员，它可以操作类的任意对象，可以访问对象中的所有成员。

成员函数可以在类内，也可以在类外定义。在类外面定义成员函数时，需要用类名加作用域限定符(::)。

成员函数与普通函数的区别：

(1) 成员函数属于类，成员函数定义是类设计的一部分，其作用域是类作用域。而普通函数一般为全局函数。

(2) 成员函数的操作主体是对象,使用时通过捆绑对象来行使其职责,而普通函数被调用时没有操作主体。

(3) 访问成员函数的方式有两种,一是对象方式,二是对象指针方式。

对象方式,如 Date d;d.set(2015,12,5);。

对象指针方式,如 Date* dp = new Date; dp->set(2015,12,5); delete dp;。

【例9-5】Student 类的定义。

```cpp
#include <iostream>
using namespace std;
class Student
{   private:
    long num;
    string name;
    string sex;
    string myclass;
    public:
    void set(long x,string y,string z,string k);
    long getnum();
    void print();
};

void Student::set(long x,string y,string z,string k)    //若后面加 const 则错误
{   num=x;
    name=y;
    sex=z;
    myclass=k;
}

long Student::getnum(){ return num;}
void Student::print()
{   cout<<"num:"<<num<<endl;
    cout<<"name:"<<name<<endl;
    cout<<"sex:"<<sex<<endl;
    cout<<"myclass:"<<myclass<<endl;
}

int main()
{   Student s;
    long x=0;
    s.set(202001,"Mary","M","Computer 1");
    x=s.getnum();
    cout<<"student: "<<endl;
```

```
        s.print();
        return 0;
}
```

9.4 构造函数和析构函数

构造函数是一个特殊的公共成员函数,它在创建类对象时会自动被调用,用于构造类对象。如果程序员没有编写构造函数,则 C++ 会自动提供一个默认的构造函数,每当程序定义一个对象时,它会在后台自动运行。程序员在创建类时通常会编写自己的构造函数来初始化对象的成员变量。但实际上,它可以做任何正常函数可以做的事情。构造函数的名称必须与它所属类的名称相同,这就是为什么编译器知道这个特定的成员函数是一个构造函数。此外,构造函数不允许有返回类型。构造函数可以被重载。

析构函数是具有与类相同名称的公共成员函数,前面带有波浪符号(~)。例如,Rectangle 类的析构函数命名为~Rectangle。当对象被销毁时,会自动调用析构函数。在创建对象时,构造函数使用某种方式来进行设置,那么当对象停止存在时,析构函数也会使用同样的方式来执行关闭过程。例如,当具有对象的程序停止执行或从创建对象的函数返回时,就会发生这种情况。

9.4.1 构造函数的定义

构造函数(Constructor)就是与类名同名的类成员函数,被声明为 public 公有函数,具有一般成员函数所有的特性,可被重载。声明对象时,经常需要为它初始化部分或全部成员变量。构造函数在创建对象时被自动调用执行,用于为对象分配空间和初始化成员变量的值,并进行其他可能需要的任何初始化操作。

构造函数也是成员函数,但又有所不同:
(1) 构造函数在对象定义时由系统自动调用执行。
(2) 构造函数不允许有任何类型的返回值,也不允许定义其返回类型(甚至 void 也不允许)。

每个类都必须有构造函数。若类中未定义任何构造函数,编译器会自动生成一个不带参数的默认构造函数。默认构造函数会将对象的所有数据成员都初始化为零或空。

<类名>::<默认构造函数名>()

【例 9-6】构造函数的定义与执行过程。

```
//头文件 Location.h
//Location 类的说明,描述平面坐标点的类
class Location
{   private:
        float x,y;              //点的坐标
    public:
        Location();             //不带参数的构造函数
```

```
        Location ( float x,float y);      //带参数的构造函数
};

//类 Location 成员函数的实现文件 Location.cpp
#include <iostream>
#include <iomanip>
#include "Location.h"
using namespace std;
Location::Location()              //不带参数的构造函数的定义
{   x=0;y=0;
    cout<<"Initializing x="<<x<<",y="<<y<<endl;
}
Location::Location(float X,float Y)   //带参数的构造函数的定义
{   x=X;y=Y;
    cout<<"Initializing x="<<x<<",y="<<y<<endl;
    cout<<"Initializing x="<<fixed<<x<<",y="<<y<<endl;
    cout<<"Initializing x="<<fixed<<setprecision(3)<<x<<",y="<<y<<endl;
}

//使用 Location 类的主程序
int main()
{
    Location   L1;                   //定义对象 L1，自动调用不带参数的构造函数
    Location   L2(67.23F,432.35F);   //自动调用带参数的构造函数
    return 0;
}
```

程序运行结果，如图 9-1 所示。

```
Initializing x=0,y=0
Initializing x=67.23,y=432.35
Initializing x=67.230003,y=432.350006
Initializing x=67.230,y=432.350
```

图 9-1 程序运行结果

【例 9-7】构造函数示例。

```
#include<iostream>
#include<string.h>
#include<iomanip>
using namespace std;
class Student
{   char name[8];
    int age;
    public:
```

```
        Student();
        Student(char* s,int i); //重载构造函数
        void Display();
};

Student::Student()
{   strcpy(name," ");age=0;
}

Student::Student(char* s,int i)
{   strcpy(name,s);age=i;
}
void Student::Display()
{   cout<<"name:"<<setw(10)<<left<<name <<"age:" <<age<<endl;
}

int main()
{   Student ss("Robert",21),ss1; //对象初始化
    ss.Display();
    ss1.Display();
    return 0;
}
```

程序运行结果,如图 9-2 所示。

图 9-2 程序运行结果

9.4.2 类的默认构造函数

C++规定,每个类必须有一个构造函数,没有构造函数,就不能创建任何对象。若未提供一个类的构造函数,则 C++提供一个默认的构造函数,该默认构造函数是个无参构造函数,它仅负责创建对象,而不做任何初始化工作。只要一个类定义了任何一个构造函数,C++就不再提供无参数的默认构造函数,但还提供带引用参数的构造函数。

无参数的默认构造函数形如:

类名(){/*不做任何事情*/}

带引用参数的构造函数形如:

类名(类名 & r){/*按位复制对象*/}//带引用参数

说明:在用默认构造函数创建对象时,如果创建的是全局对象或静态对象,则对象的位模式全为 0;否则,对象值是随机的。

【例9-8】默认构造函数示例。

假定程序中包含以下 Sample 类定义和成员函数：

```cpp
class Sample
{   int    a;
    double b;
    public:
        Sample(int a,double b);
        void display();
};
```

以下哪些语句合法？

```
Sample  t1(5,7.8);      //声明对象t1，调用构造函数正确
Sample  t2;             //声明对象t2，调用构造函数错误，因为未定义 Sample();
Sample  t3();           //错误
```

9.4.3 构造函数的重载

构造函数的重载与普通函数重载方法一样。重载函数要求函数有相同的返回值类型和函数名称，并有不同的参数序列。重载函数的调用是以所传递参数序列的差别作为调用不同函数的依据。虚拟函数则是根据对象的不同去调用不同类的虚函数。

【例9-9】构造函数执行次序示例，请写出下列程序的运行结果。

```cpp
#include <iostream>
#include <string>
using namespace std;
class StudentID
{   int a;
    public:
    StudentID()
    {   a = 1;
        cout<<"StudentId:"<<a<<"\n";
    }
};
class Student
{   string   name;
    StudentID id;              //初始化1
    public:
    Student(string n="noName") //初始化2
    {   cout<<"Student: "+ n +"\n";
        name = n;
    }
};
```

```cpp
int main()
{   Student s("Randy");
    return 0;
}
```

运行结果：

```
StudentId: 1
Student: Randy
```

请注意类成员的初始化顺序，即构造函数执行的顺序。

9.4.4 拷贝构造函数

1. 拷贝构造函数简介

当一个对象要拷贝给另一个对象时，需要调用的构造函数，就叫做拷贝构造函数。拷贝构造函数实际上也是构造函数，具有一般构造函数的所有特性，其名字也与所属类名相同。拷贝构造函数中只有一个参数，是对某个同类对象的引用。拷贝构造函数是重载构造函数的一种重要形式。

每个类都必须有一个拷贝构造函数。若类中未定义任何拷贝构造函数，系统会自动创建一个拷贝构造函数。

```
<类名>::<默认拷贝构造函数名>(同类对象的引用)      //带引用参数
```

【例 9-10】类对象拷贝示例。

```cpp
#include <iostream>
using namespace std;
class CExample
{   private:
        int a;
    public:
        CExample(int b)
        { a=b;}
    // CExample(const CExample& C){a=C.a;}      //自定义拷贝构造函数
        void Show()
        {   cout<<a<<endl;    }
};
int main()
{   CExample A(100);
    CExample B=A;
    B.Show ();
    return 0;
}
```

运行程序，屏幕输出 100。

运行结果表明，系统为对象 B 分配了内存并完成了与对象 A 的复制过程。就类对象而言，相同类型的类对象是通过拷贝构造函数来完成整个复制过程的。

2. 调用拷贝构造函数的 3 种情况

(1) 用类的一个已初始化过的对象去初始化该类的另一个新构造的对象，即一个对象需要通过另外一个对象进行初始化时。

(2) 一个对象以值传递的方式调用形参是类对象的函数，进行形参和实参结合时。

(3) 函数返回函数的返回值是类的对象，函数执行完返回调用者时。

3. 默认拷贝构造函数

在类定义时，如果未提供自己的拷贝构造函数，则 C++提供一个默认拷贝构造函数。对象拷贝时，系统自动调用拷贝构造函数或默认拷贝构造函数。默认拷贝构造函数功能是：实现逐个成员的拷贝。

注意对象拷贝与变量拷贝的区别。

```
int x1,x2=0;
x1=x2;                    //传值
Person obj1,obj2(obj1);   //逐个成员值传递
```

自定义的拷贝构造函数的功能由自己定义，一般是除了逐个拷贝成员外，还有相关资源的拷贝。当对象拷贝时，若成员是一个指针时，则会出现资源纠纷，如图 9-3 所示。

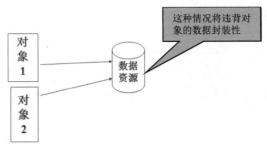

图 9-3 对象拷贝导致资源纠纷

4. 浅拷贝与深拷贝

C++默认的拷贝构造函数是浅拷贝。浅拷贝就是对象的数据成员之间的简单赋值，不拷贝相关资源。源对象与拷贝对象共用一份实体，仅仅是引用的变量不同(名称不同)，则对其中任何一个对象的改动都会影响另外一个对象。

深拷贝是指不仅拷贝对象成员，而且还拷贝相关资源。源对象与拷贝对象互相独立，其中任何一个对象的改动都不会对另外一个对象造成影响，如图 9-4 所示。

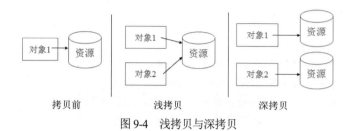

图 9-4 浅拷贝与深拷贝

【例 9-11】假定 numbered 是一个类类型,它有一个默认构造函数,能为每个对象生成一个唯一的序号,保存在数据成员 mysn 中。写出下面程序的输出结果。

```
#include <iostream>
using namespace std;
class numbered
{   static int seq;
    public:
        numbered(){mysn=seq++;}
        int mysn;
};

int numbered::seq=0;
void f(numbered s)      //形参是类对象
{   cout<<s.mysn<<endl;
}
int main()
{   numbered a,b=a,c=b;
    f(a);f(b);f(c);
    return 0;
}
```

程序运行结果:

0
0
0

在例 9-11 的 numbered 类中增加定义了一个拷贝构造函数:

numbered(numbered &n) {mysn=seq;   seq=seq+5; }

程序运行结果:

11
16
21

程序分析:

```
int main()
{   numbered a,b=a,c=b;
        //定义变量 a, 无参构造函数起作用, mysn=0,seq=1
        //定义变量 b, 拷贝构造函数起作用, mysn=1,seq=6
        //定义变量 c, 拷贝构造函数起作用, mysn=6,seq=11
    f(a);   //调用函数 f, 拷贝构造函数起作用, mysn=11,seq=16
    f(b);   //调用函数 f, 拷贝构造函数起作用, mysn=16,seq=21
    f(c);   //调用函数 f, 拷贝构造函数起作用, mysn=21,seq=26
    return 0;
}
```

在例 9-11 的 numbered 类中增加定义了一个拷贝构造函数：

`numbered(numbered &n) {mysn=seq;   seq=seq+5; }`

并修改函数 f 的形参为类对象的引用，void f(const numbered &s)

程序运行结果：

```
0
1
6
```

程序分析：

```
int main()
{   numbered a,b=a,c=b;
        //定义变量 a, 无参构造函数起作用, mysn=0,seq=1
        //定义变量 b, 拷贝构造函数起作用, mysn=1,seq=6
        //定义变量 c, 拷贝构造函数起作用, mysn=6,seq=11
    f(a);   //调用函数 f, 不触发拷贝构造函数
    f(b);   //调用函数 f, 不触发拷贝构造函数
    f(c);   //调用函数 f, 不触发拷贝构造函数
    return 0;
}
```

9.4.5 析构函数

1. 析构函数的定义

析构函数(Destructor) 也是类的成员函数，是一个特殊的成员函数。析构函数的名字是在类名前加上字符~。析构函数没有参数，也没有返回值，不能重载。析构函数以调用构造函数相反的顺序被调用。

析构函数与成员函数不同的是：

(1) 不允许有返回值和返回类型。

(2) 不允许带参数。

(3) 一个类只能有一个析构函数。

(4) 当对象生命期结束时被系统自动调用，每个对象一次，执行一些必要的操作，如释放内存等。它的作用与构造函数相反。

2. 析构函数的调用

调用析构函数的 3 种情况：

(1) 对象生命周期结束，被销毁时。在函数体内定义的对象，当函数执行结束时，该对象所在类的析构函数会被自动调用。

(2) 用 new 运算符动态创建的对象，在使用 delete 运算符释放它时；或 delete 指向对象的基类类型指针，而其基类虚构函数是虚函数时。

(3) 对象 i 是对象 o 的成员，o 的析构函数被调用时，对象 i 的析构函数也被调用。

每个类都必须有一个析构函数。如果用户没有在类中定义析构函数，C++编译系统会自动创建一个默认的析构函数，它只是徒有析构函数的名称和形式，实际上是一个空函数，什么也不做。想让析构函数完成任何工作，都必须在定义的析构函数中指定。

3. 析构函数的作用

析构函数的作用并不是删除对象，而是在撤销对象占用的内存之前完成一些清理工作，使这部分内存可以被程序分配给新对象使用。程序设计者事先设计好析构函数，以完成所需的功能，只要对象的生命期结束，程序就自动执行析构函数来完成这些工作。

实际上，析构函数的作用并不仅限于释放资源方面，它还可以被用来执行"用户希望在最后一次使用对象之后所执行的任何操作"，例如输出有关的信息。这里说的用户是指类的设计者，因为，析构函数是在声明类的时候定义的。也就是说，析构函数可以完成类的设计者所指定的任何操作。

9.4.6 构造顺序

1. 成员对象的构造顺序

成员对象的构造顺序(Constructing Order)按类定义的出现顺序，最后执行自身构造函数。

```
class A
{       B b;
        C c;
        D d;
    public:
        A(){}
        // ...
};
int main()
{   A a;   }
```

则构造顺序为 b>c>d，然后执行 A 的构造函数的花括号体{}。

【例 9-12】 构造函数和析构函数示例一。

```cpp
#include <iostream>
#include <string>
using namespace std;
class Student                              //声明 Student 类
{ public:
    Student(int n,string nam,char s )      //定义构造函数
    { num=n;
      name=nam;
      sex=s;
      cout<<"Constructor called."<<endl;   //输出有关信息
    }
    ~Student()                             //定义析构函数
    { cout<<"Destructor called."<<endl;}
    void display()                         //定义成员函数
    { cout<<"num: "<<num<<endl;
      cout<<"name: "<<name<<endl;
      cout<<"sex: "<<sex<<endl<<endl; }
    private:
        int num;
        string name;
        char sex;
};

int main()
{ Student stud1(10010,"Wang_li",'f');      //建立对象 stud1
  stud1.display();                         //输出学生 1 的数据
  Student stud2(10011,"Zhang_fun",'m');    //定义对象 stud2
  stud2.display();                         //输出学生 2 的数据
  return 0;
}
```

程序运行结果如下：

```
Constructor called.         (执行 stud1 的构造函数)
num: 10010                  (执行 stud1 的 display 函数)
name:Wang_li
sex: f
Constructor called.         (执行 stud2 的构造函数)
num: 10011                  (执行 stud2 的 display 函数)
name:Zhang_fun
sex:m
```

Destructor called.	(执行 stud2 的析构函数)
Destructor called.	(执行 stud1 的析构函数)

【例 9-13】 构造函数和析构函数示例二。

```cpp
#include <iostream>
using namespace std;
class A
{   public:
        A() {cout<<"constructing A"<<endl;}
        ~A(){cout<<"destructing A"<<endl;}
    private:
        int a;
};

class C
{   public:
        C() {cout<<"constructing C"<<endl;}
        ~C(){cout<<"destructing C"<<endl;}
    private:
        int c;
};

class B: public A
{   public:
        B(){cout<<"constructing B"<<endl;}
        ~B() {cout<<"destructing B"<<endl;}
    private:
        int b;
        C c;
};
int main()
{   B b;
    return 0;
}
```

程序运行结果如下：

```
constructing A
constructing C
constructing B
destructing B
destructing C
destructing A
```

说明：b 的析构函数调用之后，又调用了 b 的成员 c 的析构函数，同时再次验证了析构函数的调用顺序与构造函数的调用顺序相反。

2. 静态对象只被构造一次

静态对象跟静态变量一样，文件作用域的静态对象在主函数开始前全部构造完毕，块作用域的静态对象则在首次进入定义该静态对象的函数时进行构造。

【例 9-14】静态对象只被构造一次。

```cpp
#include <iostream.h>
class A
{   static int count;
    public:
        A(int x)
    {   cout<<"Constructing with a value of:"<<x<<endl;
    }
};

void func(int y)
{   static A a(y);
    cout<<"func with y:"<<y<<endl;
}

int A::count=0;
int main()
{   func(10);
    func(20);
    return 0;
}
```

程序运行结果，如图 9-5 所示。

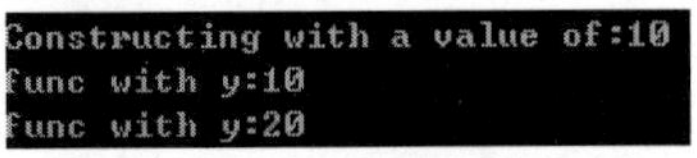

```
Constructing with a value of:10
func with y:10
func with y:20
```

图 9-5 静态对象只被构造一次

9.5 类的设计案例分析

在面向对象的应用程序开发中，一般要求尽量做到可维护性和可复用性。应用程序的复用可以提高应用程序的开发效率和质量，节约开发成本，改善系统的可维护性。类是 C++ 语言的核心概念，好的类的设计是写出高质量的 C++ 代码的重要前提。在设计 C++ 类时要注意以下基本规则。

(1) 单一职责：指一个类中的属性和方法要有很高的相关性，不然就拆开；如果一个类很庞大，则需要进一步细分职能，把相关性更高的归到一块。这体现强内聚的特点。

(2) 类的命名。类名一般是名词，所有实体在程序中都有一个对应的类，如 Student 类；类的方法一般是动词，或者动宾式组合，类方法的隐含主语就是类本身，如 Student 类的方法可以有打、踢、吃、笑等动作。如果程序中类的某些数据和类名在逻辑上无关，则表示类的命名有问题；如果无法重命名，或者找不到合适的名字，则意味着类需要重新设计。

(3) 开闭原则：类应当对扩展开放，对修改关闭，即在不被修改的前提下被扩展。类中所有数据都应该用 private 或 protected 修饰，而严禁用 public 修饰，这也是数据保护原则。类的方法一般用 public 修饰。开闭原则可以通过里氏替换来实现。

(4) 里氏替换原则：指对接口编程，建立抽象，具体的实现在运行时替换掉抽象，所有引用基类的地方必须能透明地使用其子类对象。即子类应当可以替换父类，并出现在父类能够出现的任何地方，但反过来的替换不成立。

(5) 迪米特原则(Least Knowledge Principle)：即类只需要知道依赖类必须知道的方法，其余的细节不要去了解；类的"朋友"要少，即类尽可能只跟必须要打交道的有依赖，不要依赖一大堆。这体现了低耦合的设计。

(6) 少用继承，多用组合。基类的设计在很大程度上会影响到继承的层次，继承层次考虑要清晰，一般不要超过 4 层。

(7) 设计多态时，要注意将基类的析构函数要定义为虚函数，基类的数据建议用 Protected 修饰。

以上设计原则并不是孤立存在的，它们相互依赖，相互补充，是对面向对象的抽象、封装和多态的灵活运用。下面给出 MyClass 类、BankAccount 银行账户类和 Person 类的具体设计案例，来说明类的设计过程。

9.5.1 案例 1：MyClass 类的设计

【例 9-15】MyClass 类的设计。设计要求如下：设计一个 MyClass 类，它具有 int 型私有数据成员 x，公有成员函数 void set(int)和 int show()，并定义构造函数 MyClass(int i=0)和拷贝构造函数 MyClass(MyClass &)，析构函数~MyClass()。定义函数 MyClass MyFun(MyClass k)和函数 void gFun()，在 MyFun 函数中用 MyClass 类定义 MyClass 类类型变量 my 和 z，且设置变量 my 的初始值为 5。在 gFun()中调用 MyFun(my)，然后通过主函数调用 gFun()来观察构造函数、拷贝构造函数、成员函数和析构函数的调用情况，写出程序的运行结果。

```
#include <iostream>
using namespace std;
class MyClass
{
    private:
        int x;
    public:
        MyClass(int i=0)              //定义带参构造函数，在类内实现
```

```cpp
        {
            x=i;
            cout<<"x="<<x<<endl;
        }
        MyClass(MyClass &);      //声明拷贝构造函数，在类外实现
        void set(int);           //声明成员函数 set
        int show();              //声明成员函数 show
        ~MyClass();              //声明析构函数
};

MyClass::MyClass(MyClass& y)     //拷贝构造函数的类外实现
{
    x=y.x;
    cout<<"Copy x= "<<x<<endl;
}
void MyClass::set(int i){ x=i;}  //给数据成员赋值
int MyClass::show(){ return x;}  //获取数据成员的值
MyClass::~MyClass()              //析构函数的类外实现
{   cout<<"Destructing for x= "<<x<<endl;
}

MyClass MyFun(MyClass k)         //形参 k 为 MyClass 类类型
{   cout<<"In class k(MyFun) "<<endl;
    cout<<"k.x="<<k.show()<<endl;
    k.set(10);
    cout<<"k.x="<<k.show()<<endl;
    cout<<"return k"<<endl;
    return k;
}
void gFun()
{   MyClass my(5),z;             //创建 MyClass 类对象 my 和 z，调用构造函数
    cout<<"my.x="<<my.show()<<endl;   //调用 my.show()返回 my 的值 5
    cout<<"z.x="<<z.show()<<endl;     //调用 z.show()返回 z 的值 0
    cout<<"MyFun"<<endl;
                                 //实参为类类型，要调用拷贝构造函数
    z=MyFun(my);
    cout<<"Come back gFun()"<<endl;
    cout<<"my.x="<<my.show()<<endl;
    cout<<"z.x="<<z.show()<<endl;
    cout<<"Exiting gFun"<<endl;
}
int main()
{   gFun();
    cout<<"Exiting main"<<endl;
```

```
        return 0;
}
```

程序运行结果,如图 9-6 所示。

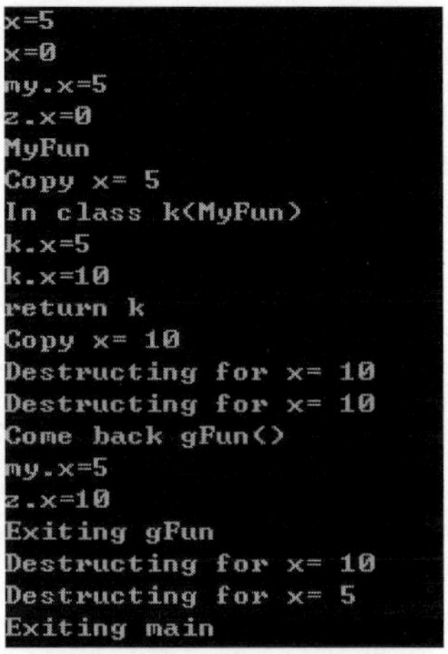

图 9-6 程序运行结果

9.5.2 案例 2:BankAccount 的设计

【例 9-16】BankAccount 的设计。设计要求如下:设计一个 BankAccount 类,它具有 double 型私有数据成员 balance(账户余额)和 interest_rate(账户利率),私有成员函数 double fraction(double percent),公有成员函数 void update()、double get_balance()、double get_rate()和 void output(ostream & outs),并定义 3 个构造函数 BankAccount(int yuans,int fens,double rate)、BankAccount(int yuans,double rate)和 BankAccount()。然后通过在主函数创建 BankAccount 类对象 account1(100,5.0),account2 和 BankAccount(123,99,3.0)来观察构造函数和成员函数的调用情况,写出程序的运行结果。

```cpp
#include <iostream>
using namespace std;
class BankAccount
{   private:
        double balance;                            //账户余额
        double interest_rate;                      //账户利率
        double fraction(double   percent);         //将百分比转换成小数,私有成员函数
    public:
        BankAccount(int yuans,int fens,double rate);   //带参构造函数
        BankAccount(int yuans,double rate);            //带参构造函数
        BankAccount();                                 //无参构造函数,默认构造函数,成员变量初始化为 0
    /*  void set(int yuans,int fens,double rate);
        void set(int yuans,double rate);               //重载成员函数 set*/
        void update();                                 //添加一年的利息到账户余额
        double get_balance();                          //返回当前账户余额
```

```cpp
        double get_rate();                    //以百分比形式返回当前账户利率
        void output(ostream& outs);           //账户余额和利率写入文件输出流 outs
};

int main()
{   BankAccount account1(100,5.0),account2;   // account2 后不加()
    //声明对象 account2，调用无参构造函数
    cout<<"account1 initial state:";
    account1.output(cout);
    cout<<"account2 initial state:";
    account2.output(cout);
    account1= BankAccount(123,99,3.0);        //调用构造函数会创建一个匿名对象
    //匿名对象赋值给对象 account1
    cout<<" account1 new setup :";
    account1.output(cout);
    return 0;
}
BankAccount::BankAccount(int yuans,int fens,double rate)
{   if (yuans<0||fens<0||rate<0)
    {   cout<<"Illegal values for money or rate.\n";
        exit(1);
    }
    balance=yuans+0.01*fens;
    interest_rate=rate;
}
BankAccount::BankAccount (int yuans,double rate)
{   if (yuans<0||rate<0)
    {   cout<<"Illegal values for money or rate.\n";
        exit(1);
    }
    balance=yuans;
    interest_rate=rate;
}
BankAccount::BankAccount():balance(0), interest_rate(0.0)    //构造函数的初始化区域
{}
//在具有初始化区域的构造函数定义中，函数主体并非一定为空
```

例如：

```cpp
BankAccount::BankAccount (int yuans,double rate)
{   if (yuans<0||rate<0)
    {   cout<<"Illegal values for money or rate.\n";
        exit(1);
    }
```

balance=yuans;
interest_rate=rate;
}

也可以改写为：

BankAccount::BankAccount(int yuans,double rate):balance(yuans), interest_rate(rate)
{   if (yuans<0||rate<0)
   {   cout<<"Illegal values for money or rate.\n";
      exit(1);
   }
}
//构造函数的初始化区域中可以初始化一个类的部分或全部成员变量

9.5.3　案例3：Person 类的设计

【例 9-17】Person 类的设计。

Person 类的继承，如图 9-7 所示。

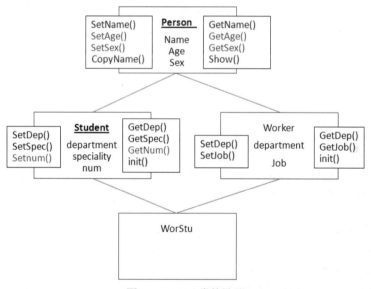

图 9-7　Person 类的继承

```
#include<iostream>
#include<string.h>
using namespace std;
class Person
{   char *Name;
    unsigned Age:7;
    unsigned Sex:1;
    void CopyName(char*);
    void Person::CopyName(char *str)
```

```cpp
{   Name=new char[strlen(str)+1];
    strcpy(Name,str);
}

Person::Person(char *name,int age,char s)
{   CopyName(name);
    Age=age;
    Sex=(s=='m'?0:1);
}
Person::Person(Person& p)
{   CopyName(p.Name);
    Age=p.Age;
    Sex=p.Sex;
}
void Person::SetName(char *name)
{   if(Name) delete Name;
    CopyName(name);
}
char *Person::GetName(char *str)
{strcpy(str,Name); return str;}
void Person::Show()
{   char str[8];
    cout<<"Name:"<<GetName(str)<<endl;
    cout<<"Age:"<<GetAge()<<endl;
    cout<<"Sex:"<<GetSex()<<endl;
}
class Student:virtual public Person
{   char *department,*speciality;
    unsigned long num;
    void init(char *,char *,unsigned long);
    public:
    Student(){init(0,0,0);}
    Student(char *,int,char,char *,char *,unsigned long);
    Student(Student&s){init(s.department,s.speciality,s.num);}
    Student(char *d,char *s,unsigned long n){init(d,s,n);}
    ~Student(){delete department,delete speciality;}
    void SetDep(char *);
    void SetSpec(char *);
    void Setnum(unsigned long n){num=n;}
    char*GetDep(char *);
    char *GetSpec(char *);
    unsigned long GetNum(){return num;}
};
```

```cpp
class Worker:virtual public Person
{   char *department,*Job;
    void init(char *,char *);
    public:
    Worker();
    Worker(char *,int,char,char *,char *);
    Worker(Worker&w){init(w.department,w.Job);}
    Worker(char *d,char *j){init(d,j);}
    ~Worker(){delete department,delete Job;}
    void SetDep(char *);
    void SetJob(char *);
    char *GetDep(char *);
    char *GetJob(char *);
};
class WorStu:public Worker,public Student
{    public:
    WorStu();
    WorStu(WorStu&ws):Worker(ws),Student(ws){};
    WorStu(char *name,int age,char s,char *depw,char *job, char *deps,char *spec,
    unsigned long n):Person(name,age,s),Worker(depw,job),Student(deps,spec,n){};
};
void Worker::init(char *dep,char *job)
{   department=new char[strlen(dep)+1];
    strcpy(department,dep);
    Job=new char[strlen(job)+1];
    strcpy(Job,job);
}
Worker::Worker(char *name,int age,char s,char *dep,char *job):Person(name,age,s)
{   init(dep,job);
}
void Worker::SetDep(char *dep)
{   if(department) delete department;
    department=new char[strlen(dep)+1];
    strcpy(department,dep);
}
void Worker::SetJob(char *job)
{   if(Job) delete Job;
    Job=new char[strlen(job)+1];
    strcpy(Job,job);
}
char   *Worker::GetDep(char *buff)
{   strcpy(buff,department);
    return buff;
```

```cpp
}
char * Worker::GetJob(char *buff)
{   strcpy(buff,Job);
    return buff;
}
void Student::init(char *dep,char *spec,unsigned long n)
{   department=new char[strlen(dep)+1];
    strcpy(department,dep);
    speciality=new char[strlen(speciality)+1];
    strcpy(speciality,spec);
    num=n;
}
Student::Student(char *name,int age,char s,char *dep,char *spec,unsigned long n):Person(name,age,s)
{   init(dep,spec,n);
}
void Student::SetDep(char *dep)
{   if(department) delete department;
    department=new char[strlen(dep)+1];
    strcpy(department,dep);};
void Student::SetSpec(char *spec)
{   if(speciality) delete speciality;
    speciality=new char[strlen(spec)+1];
    strcpy(speciality,spec);
}
char *Student::GetDep(char *buff)
{   strcpy(buff,department);
    return buff;
}
char * Student::GetSpec(char *buff)
{   strcpy(buff,speciality);
    return buff;
}
int main()
{   WorStu ws("zrf",25,'m',"Manager Office","Secretary","Computer Dep","Computer Science",123456);
    char str[80];
    cout<<"Name:"<<ws.GetName(str)<<endl;
    cout<<"Age:"<<ws.GetAge()<<endl;
    cout<<"Sex:"<<ws.GetSex()<<endl;
    cout<<"Work Dep:"<<ws.Worker::GetDep(str)<<endl;
    cout<<"Job:"<<ws.GetJob(str)<<endl;
    cout<<"College Dep:"<<ws.Student::GetDep(str)<<endl;
    cout<<"Speciality:"<<ws.GetSpec(str)<<endl;
    cout<<"Student Code:"<<ws.GetNum()<<endl;
```

```
        return 0;
    }
```

程序运行结果，如图 9-8 所示。

```
Name:zrf
Age:25
Sex:m
Work Dep:Manager Office
Job:Secretary
College Dep:Computer Dep
Speciality:Computer Science
Student Code:123456
```

图 9-8 程序运行结果

9.6 习题

9.6.1 选择题

1. 下面关于类的对象的描述中，不正确的是(   )。
   A. 一个对象只能属于一个类
   B. 对象是类的实例
   C. 一个类只能有一对象
   D. 类和对象的关系与数据类型和变量的关系相似
2. 下列有关内联函数的叙述中，正确的是(   )。
   A. 内联函数在调用时发生控制转移
   B. 内联函数必须通过关键字 inline 来定义
   C. 内联函数是通过编译器来实现的
   D. 内联函数体的最后一条语句必须是 return 语句
3. 下列(   )的调用方式是引用调用。
   A. 形参和实参都是变量   B. 形参是指针，实参是地址值
   C. 形参是引用，实参是变量   D. 形参是变量，实参是地址值
4. 假定 AA 为一个类，a 为该类公有的数据成员，若要在该类的一个成员函数中访问它，则书写格式为(   )。
   A. a   B. AA::a
   C. a()   D. AA::a()
5. 下列关于 C++运算符函数的返回类型的描述中，错误的是(   )。
   A. 可以是类类型   B. 可以是 int 类型
   C. 可以是 void 类型   D. 可以是 float 类型
6. 下列不属于构造函数的特点的是(   )。
   A. 构造函数的函数名必须与类名相同   B. 构造函数可以重载

C. 构造函数必须有返回值　　　　D. 构造函数在对象创建时，自动执行

7. 一个 C++类(　　)。
   A. 只能有一个构造函数和一个析构函数
   B. 可以有一个构造函数和多个析构函数
   C. 可以有多个构造函数和一个析构函数
   D. 可以有多个构造函数和多个析构函数

8. 下列不属于 C++规定的类继承方式是(　　)。
   A. protective　　　　　　　　　C. private
   B. protected　　　　　　　　　D. public

9. 下列不属于 C++规定的派生类对基类的继承方式的是(　　)。
   A. private　　　　　　　　　　B. public
   C. static　　　　　　　　　　　D. protected

10. 假设已经定义好了类 student，现在要定义类 derived，它是从 student 私有派生的，则定义类 derived 的正确写法是(　　)。
    A. class derived:student private{ }　　　B. class derived:student public{ }
    C. class derived:public student{ }　　　D. class derived:private student{ }

9.6.2　程序运行题

1. 运行下列程序，程序运行结果：_____

```
#include<iostream>
using namespace std;
class E
{   private:
        int x;
        static int y;
    public:
        E(int a) {x=a;y+=x;}
        void Show()
            {cout<<x<<','<<y<<endl;}
};
int E::y=100;
int main()
{   E e1(10),e2(50);
    e1.Show();
    return 0;
}
```

2. 已知类 A 和 B 的定义如下：

```
#include <iostream>
```

```
using namespace std;
class A
{   public:
    A(){cout<<'A';}
    ~A(){cout<<'C';}
};
class B :public A        //公有继承
{   public:
    B(){cout<<'G';}
    ~B(){cout<<'T';}
};
```

且有如下主函数定义：

```
int main()
{   B obj;
    return 0;
}
```

程序运行结果：_____

3. 已知类 AA 和 BB 的定义如下：

```
#include <iostream>
using namespace std;
class AA
{   public:
    AA(){cout<<'1';}
};
class BB :public AA        //公有继承
{   int k;
    public:
    BB():k(0){cout<<'2';}
    BB(int n):k(n){cout<<'3';}
};
```

且有如下主函数定义：

```
int main()
{   BB b(4),c;
    return 0;
}
```

程序运行结果：_____

9.6.3 填空题

定义长方体类 myrect，用成员函数 set()或构造函数初始化长 len、宽 width、高 height 为 10.3、6.8、5，用成员函数 display()返回长方体体积。

```cpp
#include <iostream>
using namespace std;
class myrect                              //定义长方体类 myrect
{   private:
    float len;
    float width;
    float height;
    public:
    void set();
    void display();
};
void myrect::set()                        //初始化长 len、宽 width、高 height
{   cout <<"Please input len width height："<< endl;
    cin >> len;
    cin >> width;
    cin >> height;
}
void myrect::display()
{   float v;
    _____①_____              //求长方体体积 v
    cout<<"Volume is:";
    _____②_____              //求输出体积 v
}
int main()
{   myrect rec;
    _____③_____              //调用成员函数 set()
    _____④_____              //调用成员函数 display()
    return 0;
}
```

附　录

附录A　C语言常用库函数

附录B　ASCII编码一览表

附录C　C运算符的优先级及使用形式